상위권 도약을 위한
길라잡이

왕수학

실력편

대한민국 수학학력평가의 새로운 기준!!

KMA
한국수학학력평가

| **시험일자** **상반기** | 매년 6월 셋째주
　　　　　　 하반기 | 매년 11월 셋째주

| **응시대상** **초등 1년 ~ 중등 3년** (미취학생 및 상급학년 응시 가능)

| **응시방법** **KMA 홈페이지 접수 또는 각 지역별 학원접수처 방문 접수**
성적우수자 특전 및 시상 내역 등 기타 자세한 사항은 KMA 홈페이지를 참조하세요.

홈페이지 바로가기
(www.kma-e.com)

▶ 본 평가는 100% 오프라인 평가입니다.

주최 | 한국수학학력평가연구원　　　　**주관** | (주)에듀왕

상위권 도약을 위한
길라잡이

왕수학

실력편

4-1

구성과 특징

∎ 왕수학의 특징

1. **왕수학 개념+연산** → **왕수학 기본** → **왕수학 실력** → **점프 왕수학 최상위** 순으로 단계별·난이도별 학습이 가능합니다.

2. 개정교육과정 100% 반영하였습니다.

3. 기본 개념 정리와 개념을 익히는 기본문제를 수록하였습니다.

4. 문제 해결력을 키우는 다양한 창의사고력 문제를 수록하였습니다.

5. 논리력 향상을 위한 서술형 문제를 강화하였습니다.

고고씽!

출발!

STEP 3

STEP 2

STEP 1

기본 유형 다지기

학교 시험에 잘 나오는 문제들과 신경향문제를 해결하면서 자신감을 갖도록 하였습니다.

기본 유형 익히기

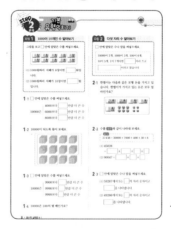

교과서와 익힘책 수준의 문제를 유형별로 풀어 보면서 기초를 튼튼히 다질 수 있도록 하였습니다.

개념 확인하기

교과서의 내용을 정리하고 이와 관련된 간단한 확인문제로 개념을 이해하도록 하였습니다.

도착!

STEP **6**

서둘러!

STEP **5**

단원평가

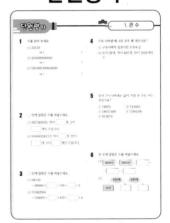

STEP **4**

응용 실력 높이기

다소 난이도 높은 문제로 구성
하여 논리적 사고력과 응용력을
기르고 실력을 한 단계 높일 수
있도록 하였습니다.

서술형 문제를 포함한 한 단원을
마무리하면서 자신의 실력을
종합적으로 확인할 수 있도록
하였습니다.

응용 실력 기르기

기본 유형 다지기보다 좀 더
수준 높은 문제로 구성하여
실력을 기를 수 있게 하였
습니다.

어서와!

차례 | Contents

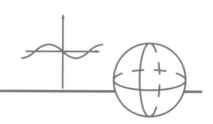

단원 1 큰 수

step 1 개념 확인하기

1 1000이 10개인 수 알아보기

1000이 10개이면 10000입니다. 이것을 10000 또는 1만이라 쓰고 만 또는 일만이라고 읽습니다.

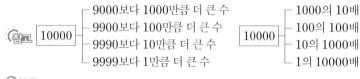

참고
10000 ⎧ 9000보다 1000만큼 더 큰 수
⎨ 9900보다 100만큼 더 큰 수
⎨ 9990보다 10만큼 더 큰 수
⎩ 9999보다 1만큼 더 큰 수

10000 ⎧ 1000의 10배
⎨ 100의 100배
⎨ 10의 1000배
⎩ 1의 10000배

보충 10000이 ▲개인 수는 ▲에 0을 4개 붙입니다.
예) 10000이 8개인 수는 80000이고, 팔만이라고 읽습니다.

2 다섯 자리 수 알아보기

✻ 10000이 5개, 1000이 7개, 100이 3개, 10이 2개, 1이 8개이면 57328이라 쓰고 오만 칠천삼백이십팔이라고 읽습니다.

✻ 57328의 각 자리 숫자와 나타내는 값

	만의 자리	천의 자리	백의 자리	십의 자리	일의 자리
숫자	5	7	3	2	8
값	50000	7000	300	20	8

➡ 57328＝50000＋7000＋300＋20＋8

3 십만, 백만, 천만 알아보기

✻ 10000이 10개이면 100000 또는 10만이라 쓰고 십만이라고 읽습니다. 10000이 30개이면 30만입니다.

✻ 10000이 100개이면 1000000 또는 100만이라 쓰고 백만이라고 읽습니다. 10000이 400개이면 400만입니다.

✻ 10000이 1000개이면 10000000 또는 1000만이라 쓰고 천만이라고 읽습니다.
10000이 5000개이면 5000만입니다.

✻ 79811040의 자릿값

7	9	8	1	1	0	4	0
천	백	십	일 만	천	백	십	일

➡ 숫자 7은 천만의 자리 숫자이고, 70000000을 나타냅니다.

확인문제

1 □ 안에 알맞은 수나 말을 써넣으세요.

1000이 10개이면 □ 또는 □ 이라 쓰고 □ 또는 □ 이라고 읽습니다.

2 □ 안에 알맞은 수를 써넣으세요.

10000이 7개 ⎫
1000이 0개 ⎪
100이 2개 ⎬ 이면 □
10이 3개 ⎪
1이 6개 ⎭

3 수를 읽어 보세요.

(1) 29387 ( )
(2) 82064 ( )
(3) 50031 ( )

4 수로 나타내 보세요.

(1) 삼만 팔천오 ( )
(2) 구만 육천이십 ( )

5 □ 안에 알맞게 써넣으세요.

(1) 만이 200개이면 □ 또는 200만이라 쓰고 □ 이라고 읽습니다.

(2) 만이 5837개이면 58370000 또는 □ 이라 쓰고 □ 이라고 읽습니다.

4 억 알아보기

✻ 1000만이 10개이면 100000000 또는 1억이라 쓰고 억 또는 일억이라고 읽습니다.

✻ 456823690000의 자릿값

4	5	6	8	2	3	6	9	0	0	0	0
천	백	십	일 억	천	백	십	일 만	천	백	십	일

➡ 숫자 4는 천억의 자리 숫자이고, 400000000000을 나타냅니다.

5 조 알아보기

✻ 1000억이 10개이면 1000000000000 또는 1조라 쓰고 조 또는 일조라고 읽습니다.

✻ 6283253149270000의 자릿값

6	2	8	3	2	5	3	1	4	9	2	7	0	0	0	0
천	백	십	일 조	천	백	십	일 억	천	백	십	일 만	천	백	십	일

➡ 숫자 8은 십조의 자리 숫자이고, 80000000000000를 나타냅니다.

6 뛰어 세기

340000 — 440000 — 540000 — 640000

➡ 십만의 자리 숫자가 1씩 커지므로 십만씩 뛰어 센 것입니다.

| 5억 | 10배→ | 50억 | 10배→ | 500억 | 10배→ | 5000억 |

➡ 어떤 수를 10배 하면 어떤 수의 오른쪽에 0이 한 개 더 붙습니다.

7 어느 수가 더 큰지 알아보기

✻ 자리 수가 다를 때는 자리 수가 많은 쪽이 더 큰 수입니다.

✻ 자리 수가 같을 때는 높은 자리부터 차례로 비교하여 높은 자리의 숫자가 큰 쪽이 더 큰 수입니다.

362474 < 36240576
6자리   8자리

462626687 > 462496758
└── 6>4 ──┘

---

6 □ 안에 알맞은 수를 써넣으세요.

> 1억이 365개이면 [   ] 이 됩니다.

7 □ 안에 알맞은 수를 써넣으세요.

> 1조가 5139개이면 [   ]입니다.

8 수를 규칙적으로 늘어놓았습니다. 빈 곳에 알맞게 써넣으세요.

(1)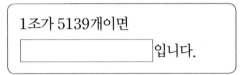

1558억 ▶ 1658억 ▶

[   ] — [   ]

(2)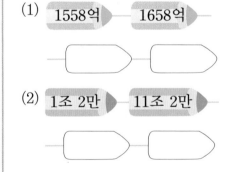

1조 2만 ▶ 11조 2만 ▶

[   ] — [   ]

9 두 수의 크기를 비교하여 ○ 안에 >, < 를 알맞게 써넣으세요.

(1) 3415086 ○ 30928561

(2) 48712049 ○ 48714009

유형 1 · 1000이 10개인 수 알아보기

그림을 보고 □ 안에 알맞은 수를 써넣으세요.

(1) 1000원짜리 지폐가 8장이면 □ 원입니다.

(2) 1000원짜리 지폐가 10장이면 □ 원입니다.

1-1 □ 안에 알맞은 수를 써넣으세요.

10000은
- 4000보다 □ 만큼 더 큰 수
- 6000보다 □ 만큼 더 큰 수
- 8000보다 □ 만큼 더 큰 수

1-2 10000이 되도록 묶어 보세요.

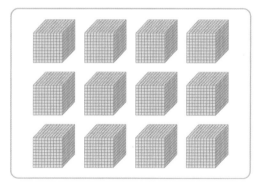

1-3 □ 안에 알맞은 수를 써넣으세요.

10000은
- 9900보다 □ 만큼 더 큰 수
- 9990보다 □ 만큼 더 큰 수
- 9999보다 □ 만큼 더 큰 수

1-4 10000은 100의 몇 배인가요?

유형 2 · 다섯 자리 수 알아보기

□ 안에 알맞은 수나 말을 써넣으세요.

10000이 2개, 1000이 3개, 100이 6개, 10이 5개, 1이 7개이면 □ 이라 쓰고 □ 이라고 읽습니다.

2-1 한별이는 다음과 같은 모형 돈을 가지고 있습니다. 한별이가 가지고 있는 돈은 모두 얼마인가요?

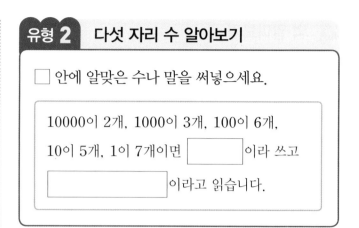

2-2 수를 보기와 같이 나타내 보세요.

보기
$$37438 = 30000 + 7000 + 400 + 30 + 8$$

(1) 45028
$$= □ + □ + □ + □$$

(2) $90047 = □ + □ + □$

2-3 □ 안에 알맞은 수나 말을 써넣으세요.

(1) 59287에서 5는 □ 의 자리 숫자이고 □ 을 나타냅니다.

(2) 49286에서 9는 □ 의 자리 숫자이고 □ 을 나타냅니다.

2-4 수를 읽어 보세요.

(1) 87060 ➡ (   )

(2) 91327 ➡ (   )

2-5 수로 나타내 보세요.

(1) 사만 이천사백오십일

➡ (   )

(2) 삼만 구백팔

➡ (   )

2-6 50328의 각 자리 숫자와 나타내는 값을 알아보려고 합니다. 빈칸에 알맞은 수를 써넣으세요.

	만의 자리	천의 자리	백의 자리	십의 자리	일의 자리
숫자				2	
값				20	

2-7 숫자 8이 나타내는 값이 가장 큰 수는 어느 것인가요?

48067   62984   91832   87451

유형 3 십만, 백만, 천만 알아보기

수를 보고 ☐ 안에 알맞은 수나 말을 써넣으세요.

397417

만이 ☐ 개, 일이 ☐ 개인 수이고

☐ 이라고 읽습니다.

3-1 수를 보고 ☐ 안에 알맞은 수를 써넣으세요.

86521734

천만의 자리 숫자는 ☐, 백만의 자리 숫자는 ☐, 십만의 자리 숫자는 ☐, 만의 자리 숫자는 ☐ 입니다.

3-2 ☐ 안에 알맞은 수를 쓰고 읽어 보세요.

(1) 만이 248개 일이 5369개 이면 ☐

➡ _____

(2) 만이 4290개 일이 851개 이면 ☐

➡ _____

3-3 보기와 같이 나타내 보세요.

보기

이천육백구십만 사천백오십칠

➡ 2690만 4157 또는 26904157

팔천삼십육만 칠천오백이십구

➡ _____ 또는 _____

3-4 □ 안에 알맞은 수나 말을 써넣으세요.

(1) 만이 230개이면 [   ] 또는 230만 이라 쓰고 [   ] 이라고 읽습니다.

(2) 41536927은 만이 [   ]개, 일이 [   ]개 인 수이고 [   ]이라 고 읽습니다.

3-5 93850000에서 각 숫자가 나타내는 값을 알 아보려고 합니다. 물음에 답해 보세요.

(1) 9는 어느 자리를 나타내나요?

(2) 백만의 자리 숫자는 무엇이고 얼마를 나 타내나요?

(3) 십만의 자리 숫자는 무엇이고 얼마를 나 타내나요?

(4) 만의 자리 숫자는 무엇이고 얼마를 나타 내나요?

3-6 수를 보고 □ 안에 알맞은 수나 말을 써넣으 세요.

$$57865186$$

(1) 천만의 자리 숫자는 [   ]이고

[   ]을 나타냅니다.

(2) [   ]의 자리 숫자는 7이고

[   ]을 나타냅니다.

3-7 수를 읽어 보세요.

(1) 58164738

➡ ( )

(2) 3209527

➡ ( )

3-8 수로 나타내 보세요.

(1) 칠백삼만 팔십오

➡ ( )

(2) 만이 4276개, 일이 690개인 수

➡ ( )

3-9 90382074에서 숫자 3은 어느 자리의 숫자 이고 나타내는 값은 얼마인가요?

3-10 숫자 5가 나타내는 값이 가장 큰 것부터 차 례로 기호를 써 보세요.

㉠ 534000
㉡ 2158000
㉢ 15270000
㉣ 50280000

유형 4 억 알아보기

수를 보고 □ 안에 알맞은 수나 말을 써넣으세요.

8764519584

억이 □ 개, 만이 □ 개, 일이 □ 개

인 수이고 □

라고 읽습니다.

4-1 □ 안에 알맞은 수를 쓰고 읽어 보세요.

억이 372개
만이 4007개 ─┐ 이면 □

➡ _____

4-2 보기 와 같이 나타내 보세요.

보기

칠천삼백억 오십사만 육천구백이십팔

➡   7300억 54만 6928

또는   730000546928

사천이십오억 육백십칠만 오백사십구

➡ _____

또는 _____

4-3 수를 보고 □ 안에 알맞은 수를 써넣으세요.

537854913672

(1) 십억의 자리 숫자는 □ 이고

□ 을 나타냅니다.

(2) □ 의 자리 숫자는 8이고

□ 을 나타냅니다.

유형 5 조 알아보기

수를 보고 □ 안에 알맞은 수를 써넣으세요.

486524653284678

조가 □ 개, 억이 □ 개, 만이 □ 개,

일이 □ 개인 수입니다.

5-1 □ 안에 알맞은 수를 쓰고 읽어 보세요.

조가   697개
억이 7982개 ─┐ 이면 □

➡ _____

5-2 보기 와 같이 나타내 보세요.

보기

이천구십오조 사천이십삼억 구백칠만

➡   2095조 4023억 907만

또는   2095402309070000

구천삼백십오조 이십육억 사천만 삼백칠

➡ _____

또는 _____

5-3 수를 보고 □ 안에 알맞은 수를 써넣으세요.

7421859737965826

(1) 숫자 4는 □ 의 자리 숫자이고

□ 를 나타냅니다.

(2) □ 의 자리 숫자는 1이고

□ 를 나타냅니다.

유형 6 뛰어 세기

얼마씩 뛰어 세었는지 알아보세요.

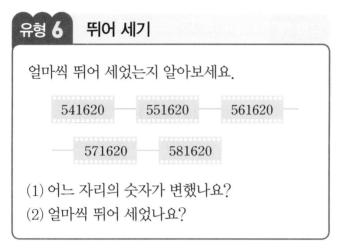

(1) 어느 자리의 숫자가 변했나요?
(2) 얼마씩 뛰어 세었나요?

6-1 상연이와 예슬이가 수를 세고 있습니다. 얼마씩 뛰어 세었는지 알아보려고 합니다. 물음에 답해 보세요.

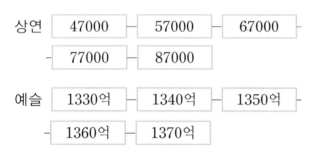

(1) 상연이가 뛰어 센 수는 어느 자리 수가 변했나요?

(2) 상연이는 얼마씩 뛰어 세었나요?

(3) 예슬이가 뛰어 센 수는 어느 자리 수가 변했나요?

(4) 예슬이는 얼마씩 뛰어 세었나요?

6-2 10억씩 뛰어 세어 보세요.

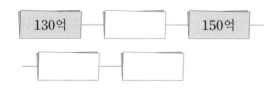

6-3 수를 얼마씩 뛰어 세었나요?

6-4 빈 곳에 알맞게 써넣으세요.

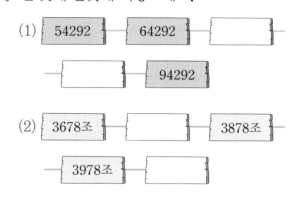

6-5 빈 곳에 알맞게 써넣으세요.

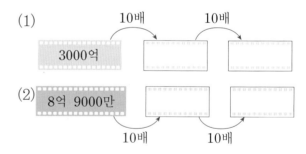

6-6 ㉠에 알맞은 수는 얼마인가요?

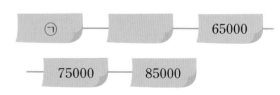

유형 7 어느 수가 더 큰지 알아보기 (1)

두 수의 크기를 비교하여 ○ 안에 >, <를 알맞게 써넣으세요.

(1) 23197380 ◯ 7253414

(2) 54134 ◯ 315892

7-1 ○ 안에 >, <를 알맞게 써넣으세요.

(1) 153273852 ◯ 1238254000

(2) 769억 39만 ◯ 89억 7823만

(3) 오백이십육만 삼천 ◯ 52382116

7-2 동민이와 웅이의 저금액을 나타낸 것입니다. 누가 저금을 더 많이 하였나요?

동민	85200원
웅이	147350원

7-3 더 큰 수를 찾아 기호를 써 보세요.

㉠ 칠백삼십구억 이천육십팔만 백오
㉡ 8023542168

7-4 가장 큰 수부터 차례로 기호를 써 보세요.

㉠ 24135298051
㉡ 962741172
㉢ 9074253893

유형 8 어느 수가 더 큰지 알아보기 (2)

두 수의 크기를 비교하여 ○ 안에 >, <를 알맞게 써넣으세요.

(1) 89231907 ◯ 89725341

(2) 365421 ◯ 365582

8-1 ○ 안에 >, <를 알맞게 써넣으세요.

(1) 4198569 ◯ 4199000

(2) 284조 839억 ◯ 208조 4893억

(3) 사천팔백구십만 육백팔 ◯ 48098454

8-2 가장 큰 수에 ○표, 가장 작은 수에 △표 하세요.

4387096421005 (   )
4387305134999 (   )
4387302978000 (   )

8-3 ☐ 안에 들어갈 수 있는 숫자를 모두 찾아 ○표 하세요.

76574321 < 765☐5978

(5, 6, 7, 8, 9)

1 수를 쓰고 읽어 보세요.

> 9400보다 600만큼 더 큰 수

┌ 쓰기: _____
└ 읽기: _____

2 □ 안에 알맞은 수를 써넣으세요.

10000이 3개 ┐
1000이 2개 │
100이 8개 │ 이면 □ 입니다.
1이 5개 ┘

3 수를 읽어 보세요.

(1) 34629

( )

(2) 50824

( )

4 수로 나타내 보세요.

(1) 육만 이천칠백오십사

( )

(2) 사만 구천삼백칠

( )

5 가영이는 10000원짜리 지폐 3장, 1000원짜리 지폐 8장, 100원짜리 동전 4개, 10원짜리 동전 7개를 모았습니다. 가영이가 모은 돈은 모두 얼마인가요?

6 다음을 보고 물음에 답해 보세요.

> ㉠ 75634   ㉡ 42197
> ㉢ 27486   ㉣ 64713

(1) 숫자 7이 700을 나타내는 수를 찾아 기호를 써 보세요.

(2) 숫자 4가 나타내는 값이 가장 큰 수를 찾아 기호를 써 보세요.

7 수를 보기 와 같이 나타내 보세요.

> **보기**
> 25462＝20000＋5000＋400＋60＋2

(1) 37435

(2) 82007

8 □ 안에 알맞은 수나 말을 써넣으세요.

63908에서 6은 □ 의 자리 숫자이므로

□ 이고 9는 □ 의 자리 숫자이므로

□ 을 각각 나타냅니다.

9 표를 보고 물음에 답해 보세요.

3	7	9	0	2	5	4	1
㉠	㉡	십만의 자리	만의 자리	천의 자리	백의 자리	십의 자리	일의 자리

(1) ㉠과 ㉡에 알맞은 말을 각각 써 보세요.

(2) 숫자 4는 40을 나타냅니다. 숫자 3과 7 은 각각 얼마를 나타내나요?

10 ☐ 안에 알맞은 수나 말을 써넣으세요.

만이 300개이면 ☐ 또는 300만이 라 쓰고 ☐ 이라고 읽습니다.

11 ☐ 안에 알맞은 수를 쓰고 읽어 보세요.

만이 324개 ─┐
일이 7450개 ─┘ 이면 ☐

➡ _____

12 수를 보고 ☐ 안에 알맞은 수를 써넣으세요.

60254800

천만의 자리 숫자는 ☐ 이고 ☐

을 나타냅니다.

1 단원

13 밑줄 그은 숫자가 나타내는 값을 써 보세요.

75260000

14 설명하는 수가 얼마인지 써 보세요.

100만이 23개, 10만이 8개, 만이 5개인 수

그림과 같이 8장의 숫자 카드가 있습니다. 물음에 답해 보세요. [15~16]

| 0 | 1 | 3 | 5 |
| 6 | 7 | 8 | 9 |

15 숫자 카드 8장을 모두 사용하여 가장 큰 8자 리 수를 만들어 보세요.

16 숫자 카드 8장을 모두 사용하여 가장 작은 8자리 수를 만들어 보세요.

17 예슬이네 어머니께서는 13200000원을 모두 만 원짜리 지폐로 바꾸려고 합니다. 만 원짜리 지폐 몇 장으로 바꿀 수 있나요?

18 ☐ 안에 알맞은 수나 말을 써넣으세요.

1000만이 10개이면 [   ] 또는 1억

이라 쓰고 [   ] 또는 [   ]이라고 읽습니다.

19 빈칸에 알맞게 써넣으세요.

[1만] —10배→ [10만] —10배→ [   ] →

—10배→ [   ] —10배→ [   ]

20 빈칸에 알맞게 써넣으세요.

1억은 9900만보다 [   ] 만큼 더 큰 수

이고, 9000만보다 [   ] 만큼 더 큰 수

입니다.

21 억에 대한 설명으로 잘못된 것을 찾아 기호를 써 보세요.

> ㉠ 1000만의 10배입니다.
> ㉡ 99999999보다 1 큰 수입니다.
> ㉢ 100만이 10개인 수입니다.
> ㉣ 9000만보다 1000만 큰 수입니다.

22 억이 2088개, 만이 73개, 일이 4806개인 수를 쓰고 읽어 보세요.

쓰기 (   )

읽기 (   )

23 ☐ 안에 알맞은 수를 써넣으세요.

1억이 527개이면 [   ]입니다.

24 밑줄 친 수를 보고 ☐ 안에 알맞은 수를 써넣으세요.

> 세계에서 인구가 가장 많은 나라는 인도입니다. 2024년 인도의 인구는 약 <u>1441720000</u>명입니다.

(1) 백만의 자리 숫자는 [   ]이고, 이것은

[   ]을 나타냅니다.

(2) 일억의 자리 숫자는 [   ]이고, 이것은

[   ]을 나타냅니다.

25 수를 읽어 보세요.

> 728365246000

26 □ 안에 알맞은 수를 써넣으세요.

1조는
- 1억의 □ 배인 수
- 1000억이 □ 개인 수
- 9999억보다 □ 억 만큼 더 큰 수

27 수를 보고 □ 안에 알맞은 수를 써넣으세요.

> 265435036000000

조가 □ 개, 억이 □ 개, 만이 □ 개
인 수입니다.

28 수로 나타내 보세요.

(1) 이천삼백억 삼천이백만

(2) 오천육백이십조 삼천칠백억

29 억이 1524개, 만이 307개인 수를 써 보세요.

30 조가 2363개, 억이 1250개인 수를 써 보세요.

31 1000억이 25개, 1억이 36개인 수를 써 보세요.

32 1000억이 50개, 1억이 2348개인 수를 찾아 기호를 써 보세요.

> ㉠ 50234800000000
> ㉡ 5234800000000
> ㉢ 5002348000000

33 뛰어 세기를 하여 빈 곳에 알맞은 수를 써넣으세요.

| 2370만 | 3370만 | |
| | 6370만 |

34 뛰어 세기를 하여 빈 곳에 알맞은 수를 써넣으세요.

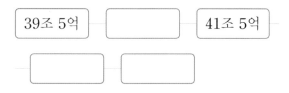

| 39조 5억 | | 41조 5억 |

35 100억씩 뛰어 세어 보세요.

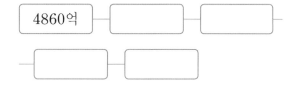

| 4860억 | | |

36 10조씩 뛰어 세어 보세요.

| 2092조 | | |

37 얼마만큼씩 뛰어 세기 했는지 써 보세요.

49520000 — 50520000 — 51520000 — 52520000 — 53520000

38 두 수의 크기를 비교하여 ○ 안에 >, <를 알맞게 써넣으세요.

(1) 530728 ◯ 529890

(2) 619억 1500만 ◯ 620억 15만

39 가장 큰 수를 찾아 기호를 써 보세요.

ㄱ 58조 6346억
ㄴ 8495000000000
ㄷ 60조 1234억

40 가장 큰 수부터 차례로 기호를 써 보세요.

ㄱ 9254800
ㄴ 10112300
ㄷ 23400000

41 가장 작은 수부터 차례로 기호를 써 보세요.

> ㉠ 팔억 칠천오백사십만
> ㉡ 87540000
> ㉢ 8754000000

42 어떤 수에서 100만씩 뛰어 세기를 3번 하였더니 2052만이 되었습니다. 어떤 수를 구해 보세요.

43 어떤 수에서 10억씩 뛰어 세기를 5번 하였더니 3120억이 되었습니다. 어떤 수를 구해 보세요.

그림과 같이 숫자 카드가 9장 있습니다. 물음에 답해 보세요. [44~46]

| 0 | 1 | 2 | 3 | 4 |

| 5 | 7 | 8 | 9 |

44 숫자 카드 8장을 뽑아 가장 작은 8자리 수를 만들어 보세요.

45 숫자 카드 9장을 모두 사용하여 가장 큰 9자리 수를 만들어 보세요.

46 숫자 카드 9장을 모두 사용하여 9자리 수를 만들었을 때, 1000만의 자리 숫자가 5인 수 중 가장 큰 수를 구해 보세요.

47 ☐ 안에 들어갈 수 있는 숫자를 모두 구해 보세요.

> 65☐7594 > 6564385

48 석기와 예슬이는 각각 5장의 숫자 카드를 가지고 있습니다. 각자 가지고 있는 숫자 카드를 모두 사용해 가장 큰 다섯 자리 수를 만들었을 때, 만든 수가 더 큰 사람은 누구인가요?

석기 ⇨ | 6 | 4 | 1 | 3 | 9 |

예슬 ⇨ | 0 | 5 | 6 | 9 | 2 |

1 지혜는 은행에 만 원짜리 지폐 3장, 천 원짜리 지폐 17장, 백 원짜리 동전 5개, 십 원짜리 동전 10개를 저금하였습니다. 지혜가 저금한 돈은 모두 얼마인가요?

100이 13개인 수
➡ 10000이 1개, 100이 3개인 수

2 10000이 7개, 1000이 4개, 100이 13개, 10이 8개, 1이 5개인 수에서 천의 자리 숫자는 무엇이고, 얼마를 나타내나요?

먼저 십만의 자리에 3을 놓은 후, 가장 작은 수가 되도록 나머지 자리에 숫자를 채워 놓습니다.

3 숫자 카드 7장을 모두 사용하여 일곱 자리 수를 만들 때, 십만의 자리 숫자가 3인 가장 작은 수를 쓰고 읽어 보세요.

| 4 | 7 | 2 | 3 | 6 | 0 | 9 |

4 100억이 437개, 10억이 2개, 100만이 46개인 수를 13자리 수로 나타낼 때, 0은 모두 몇 개인가요?

5 다음 중 나머지 넷과 <u>다른</u> 하나는 어느 것인가요?

① 63509400270000

② 635조 94억 27만

③ 635094002700의 100배

④ 육십삼조 오천구십사억 이십칠만

⑤ 조가 63개, 억이 5094개, 만이 27개인 수

520만을 10배 한 수는 5200
만, 100배 한 수는 5억 2000
만입니다.

6 520만을 100배 한 수에서 2000만씩 커지도록 5번 뛰어 센 수를 구해 보세요.

7 빛이 1년 동안에 갈 수 있는 거리를 1광년이라고 합니다. 1광년은 9460800000000 km입니다. 10광년은 몇 km인가요?

8 오른쪽 수를 보고 물음에 답해 보세요.

> 508527412369003
> ↑   ↑
> ㉠   ㉡

(1) 조의 자리 숫자를 써 보세요.

(2) 7은 어느 자리의 숫자인가요?

(3) ㉠이 나타내는 값은 ㉡이 나타내는 값의 몇 배인가요?

9 수직선을 보고 □ 안에 알맞게 써넣으세요..

560억   800억

10 어떤 수에서 4000억씩 커지도록 10번 뛰어 센 수가 7조였습니다. 어떤 수는 얼마인가요?

11 다음과 같이 수를 뛰어 세었습니다. 빈 곳에 알맞은 수를 써넣으세요.

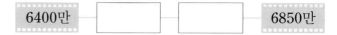

6400만   6850만

가장 큰 수부터 먼저 구해 봅니다.

12 4장의 숫자 카드를 각각 두 번씩 사용하여 여덟 자리 수를 만들려고 합니다. 십만의 자리 숫자가 3인 수 중에서 두 번째로 큰 수를 만들어 보세요.

6   4   3   7

13 가장 작은 수부터 차례로 기호를 써 보세요.

> ㉠ 1000억이 10개인 수   ㉡ 구백팔십억
> ㉢ 1조 4200억   ㉣ 4980037700

14 4 , 0 , 2 , 8 , 7 5장의 숫자 카드를 각각 두 번씩 사용하여 백만의
자리 숫자가 4인 가장 큰 10자리 수를 만들었습니다. 이 수보다 1000만 큰
수는 얼마인가요?

15 ☐ 안에는 0에서 9까지 어느 숫자를 넣어도 됩니다. 두 수의 크기를 비교하
여 ◯ 안에 >, <를 알맞게 써넣으세요.

(1) 102427835 ◯ 9☐768435

(2) 7390412 ◯ 739☐654

㉠의 ☐ 안에 0 또는 9를 넣어
봅니다.

16 ☐ 안에 0에서 9까지 어느 숫자를 넣어도 됩니다. 가장 큰 수부터 차례로
기호를 써 보세요.

> ㉠ 764☐98
> ㉡ 7635201
> ㉢ 7640☐5

01

0부터 4까지의 숫자를 이용하여 만든 여섯 자리 수가 있습니다. 이 수를 보고 예지와 수호가 다음과 같은 대화를 나누고 있습니다. ㉠에 들어갈 숫자는 무엇인가요?

> 예지: 가장 큰 숫자가 가장 자릿값이 작은 자리에 있네.
> 수호: 십의 자리의 숫자는 일의 자리 숫자보다 1만큼 작아.
> 예지: 아! 십의 자리에 쓰인 숫자가 한 번 더 쓰였네.
> 수호: 그런데 수를 읽을 때 백의 자리는 읽지 않아.
> 예지: 만의 자리가 나타내는 수는 20000이야.
> 수호: 음. 자릿값이 가장 큰 자리에는 놓일 수 있는 숫자 중 가장 작은 숫자가 쓰였어.

		㉠			

02

서로 다른 숫자가 적힌 5장의 숫자 카드를 이용하여 다섯 자리 수를 만들려고 합니다. 그중에 카드 한 장은 뒤집어져서 숫자가 보이지 않습니다. 5장의 숫자 카드를 한 번씩만 사용하여 만든 다섯 자리 수 중에서 가장 큰 수와 가장 작은 수의 합이 11만보다 크고 12만보다 작았습니다. 뒤집어져서 보이지 않는 숫자는 얼마인지 구해 보세요.

03

2에서 9까지의 숫자를 모두 한 번씩 사용하여 여덟 자리 수를 만들었을 때, 98765324보다 큰 수는 몇 개인가요?

04

수직선에서 ㉮에 알맞은 수를 구해 보세요.

4조 9900억　　㉮　　　　　5조 900억

05

어떤 수에서 400억씩 커지도록 7번 뛰어 센 수가 3조 4300억이었습니다. 어떤 수에서 500억씩 5번 뛰어 센 수를 구해 보세요.

06

어느 회사의 한 달 매출액 76400000원을 다음과 같이 은행에 입금하였습니다.
□ 안에 알맞은 수를 구하세요.

> 1000만 원짜리 수표 5장, 100만 원짜리 수표 □장,
> 10만 원짜리 수표 133장, 만 원짜리 지폐 210장

07

숫자 카드를 두 번씩 사용하여 만든 12자리 수 중에서 7000억에 가장 가까운 수를 구할 때 십억의 자리에 쓰인 숫자, 천만의 자리에 쓰인 숫자, 천의 자리에 쓰인 숫자의 합은 얼마인가요?

7 0 8 6 3 2

08 0부터 9까지의 숫자 중 ☐ 안에 공통으로 들어갈 수 있는 숫자를 모두 써 보세요.

$$20863\boxed{}4 < 2086362$$

$$62357452 < 62\boxed{}57791$$

09 3 , 0 , 5 , 4 , 8 의 숫자를 각각 3번까지 사용하여 13자리 수를 만들려고 합니다. 네 번째로 큰 수를 만들었을 때
(백의 자리 숫자)＋(천의 자리 숫자)＋(만의 자리 숫자)의 값을 구해 보세요.

10 ㉮에서 6000억씩 커지도록 10번 뛰어 센 수가 12조 4700억이고, ㉯에서 5000억씩 커지도록 10번 뛰어 센 수가 11조 5500억입니다. ㉮와 ㉯ 중에서 더 큰 수는 어느 것인가요?

11 조건을 모두 만족하는 수 중 가장 작은 수를 구해 보세요.

> • 일곱 자리 수입니다.
> • 8이 모두 2개입니다.
> • 십만의 자리 숫자가 일의 자리 숫자의 2배입니다.

12

조건을 모두 만족하는 수 중 가장 큰 수를 구해 보세요.

> • 아홉 자리 수입니다.
> • 0이 모두 3개입니다.
> • 백만의 자리 숫자가 십의 자리 숫자의 5배입니다.

13

자리 수를 먼저 비교한 후 ☐ 안에 0 또는 9를 넣어 높은 자리부터 차례로 크기를 비교합니다.

☐ 안에는 0에서 9까지 어느 숫자를 넣어도 됩니다. 네 수의 크기를 비교하여 가장 큰 수부터 차례로 기호를 써 보세요.

> ㉠ 5843☐7214   ㉡ 584302☐46
> ㉢ 59953☐325   ㉣ 59☐346801

14

다음과 같은 수가 있습니다. 이 수의 백억의 자리 숫자와 십억의 자리 숫자를 바꾸어 썼더니 처음 수보다 360억이 작아졌습니다. ㉠+㉡=12일 때, ㉠×㉡의 값을 구해 보세요.

> ㉠㉡560989127

15

유승이 어머니께서 은행에 예금한 돈 9040000원을 다음과 같이 찾고자 합니다. 10만 원짜리 수표는 몇 장 받아야 하나요?

> 100만 원짜리 수표 6장, 10만 원 짜리 수표 ☐장,
> 만 원짜리 지폐 32장, 천 원짜리 지폐 120장

1 수를 읽어 보세요.

(1) 32110

➡ (   )

(2) 450200000000

➡ (   )

(3) 581000300604000

➡ (   )

2 ☐ 안에 알맞은 수를 써넣으세요.

(1) 28734059는 만이 ☐ 개, 1이 ☐ 개인 수입니다.

(2) 9160032617은 억이 ☐ 개, 만이 ☐ 개, 1이 ☐ 개인 수입니다.

3 ☐ 안에 알맞은 수를 써넣으세요.

(1) 94733

= 90000 + ☐ + 700 + ☐ + 3

(2) 70362004

= 7000만 + ☐ + 6만 + ☐ + 4

4 수로 나타낼 때, 0은 모두 몇 개인가요?

(1) 구천사백억 칠천이만 오천육십

(2) 조가 39개, 억이 607개, 만이 1050개인 수

5 숫자 7이 나타내는 값이 가장 큰 수는 어느 것인가요?

① 78925　　　　② 741683

③ 18057469　　④ 7584206

⑤ 913670

6 빈 곳에 알맞은 수를 써넣으세요.

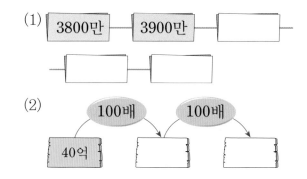

(1) | 3800만 | 3900만 | ☐ |

| ☐ | ☐ |

(2) 40억 —100배→ ☐ —100배→ ☐

7 두 수의 크기를 비교하여 ○ 안에 >, =, <를 알맞게 써넣으세요.

(1) 97621035789 ◯ 100273458621

(2) 62397400 ◯ 62489600

8 ㉠이 나타내는 값은 ㉡이 나타내는 값의 몇 배인가요?

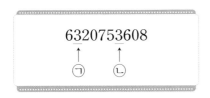

9 빈 곳에 알맞게 써넣으세요.

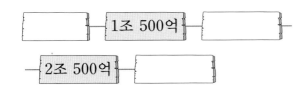

10 어떤 수에서 500억씩 크게 10번 뛰어 센 수가 4조 2000억이었습니다. 어떤 수는 얼마인가요?

11 나타내는 수가 다른 것은 어느 것인가요?

① 9000만보다 1000만만큼 더 큰 수
② 1000만의 10배
③ 9990만보다 10만만큼 더 큰 수
④ 10000의 10000배
⑤ 10000000

12 어느 회사의 현재 자산은 4조 6542억 원입니다. 이 회사의 20년 후 자산이 현재 자산의 100배가 된다면 20년 후 자산의 숫자 6은 어느 자리의 숫자이고 얼마를 나타내나요?

13 ☐ 안에 알맞은 수를 써넣으세요.

1000조가	5개	
100조가	3개	
1조가	24개	
1000억이	3개	이면 ☐
10억이	9개	
1만이	216개	

14 ⓪, ①, ②, ③, ④ 5장의 숫자 카드를 두 번씩 사용하여 만들 수 있는 10자리 수 중에서 가장 큰 수와 가장 작은 수를 각각 구해 보세요.

15 □ 안에는 0부터 9까지 어느 숫자를 넣어도 됩니다. 세 수의 크기를 비교하여 가장 큰 수부터 차례로 기호를 써 보세요.

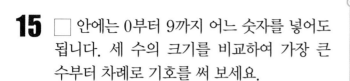

㉠ 8 □ 0 □ 4 5 9 2 1 7
㉡ 8 9 3 5 □ 6 7 □ 2 0
㉢ 8 9 3 5 0 4 □ □ 3 8

16 ㉠과 ㉡ 중 더 큰 수는 어느 것인가요?

㉠ 438억 1000만
㉡ 438만의 10000배

17 어느 자동차 공장에서 올해의 수출액이 백사십구억 달러였습니다. 해마다 1억 달러씩 더 수출한다면 4년 후의 수출액은 얼마인가요?

18 선영이의 할아버지께서 10만 원짜리 수표를 387장 가지고 계십니다. 이 돈을 은행에서 만 원짜리 지폐로만 모두 바꾸려고 한다면 만 원짜리 지폐 몇 장으로 바꿀 수 있는지 설명해 보세요.

19 □ 안에는 0부터 9까지 어느 숫자를 넣어도 됩니다. ○ 안에 >, <를 알맞게 써넣고, 그 이유를 설명해 보세요.

63905□62 ○ 639□7451

20 1부터 9까지의 숫자를 모두 사용하여 9자리 수를 만들 때, 7억에 가장 가까운 수는 얼마인지 설명해 보세요.

단원 2 각도

1 각의 크기 비교하기

✻ 각의 크기는 그려진 변의 길이와 관계없이 두 변이 벌어진 정도가 클수록 큽니다.

➡ 나는 가보다 각의 크기가 더 큽니다.

✻ 눈으로 각의 크기를 비교하기 어려운 경우에는 한 각을 투명 종이에 그대로 그린 후 투명 종이를 옮겨 각의 크기를 비교할 수 있습니다.

2 각의 크기 재기

(1) 각도

각의 크기를 각도라고 합니다. 각도를 나타내는 단위에는 1도가 있습니다. 직각을 똑같이 90으로 나눈 하나를 1도라 하고, 1°라고 씁니다. 직각은 90°입니다.

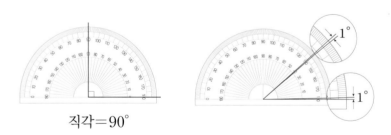

직각＝90°

(2) 각도 재기

각도기의 중심   각도기의 밑금

① 꼭짓점 ㄴ에 각도기의 중심을 맞춥니다.
② 각도기의 밑금을 변 ㄴㄷ에 맞춥니다.
③ 변 ㄴㄱ이 닿은 눈금을 읽습니다.
➡ 따라서 각도는 55°입니다.

확인문제

1 부채의 각이 더 큰 것을 찾아 기호를 써 보세요.

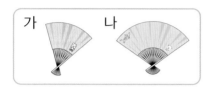

2 다음을 읽고 알맞은 말에 ○표 하세요.

각의 크기는 (두 변의 벌어진 정도, 변의 길이)에 따라 다릅니다.

3 □ 안에 알맞게 써넣으세요.

(1) 각의 크기를 ▢ 라고 합니다.
(2) 직각은 ▢°입니다.

4 각도를 읽어 보세요.

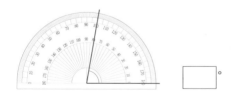

▢°

3 직각보다 작은 각과 직각보다 큰 각 알아보기

✽ 크기가 직각보다 작은 각을 예각이라고 합니다.

✽ 크기가 직각보다 크고 180°보다 작은 각을 둔각이라고 합니다.

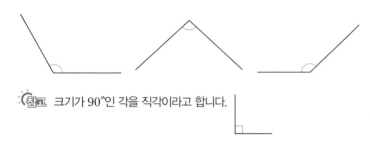

> **참고** 크기가 90°인 각을 직각이라고 합니다.

✽ 각의 크기에 따라 분류해 보면 다음과 같습니다.

➡ 직각을 기준으로 하여 예각과 둔각을 구분할 수 있습니다.

✽ 시계의 긴바늘과 짧은바늘이 이루는 작은 쪽의 각이 예각, 직각, 둔각 중 어느 각인지 알 수 있습니다.

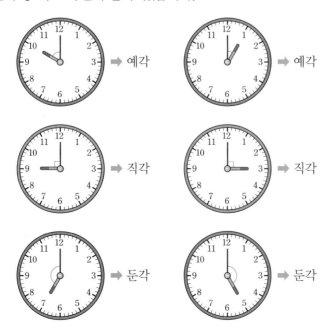

---

5 □ 안에 알맞은 말을 써넣으세요.

크기가 직각보다 작은 각을 □ 이라 하고, 크기가 직각보다 크고 180°보다 작은 각을 □ 이라고 합니다.

6 각을 보고 ( ) 안에 예각과 둔각을 알맞게 써넣으세요.

(1)

( )

(2)

( )

(3)

( )

7 시각에 맞도록 시곗바늘을 그리고, 긴바늘과 짧은바늘이 이루는 작은 쪽의 각이 예각, 직각, 둔각 중 어느 것인지 써 보세요.

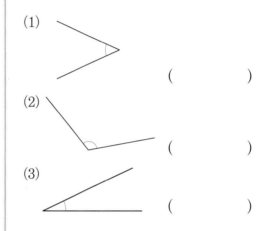

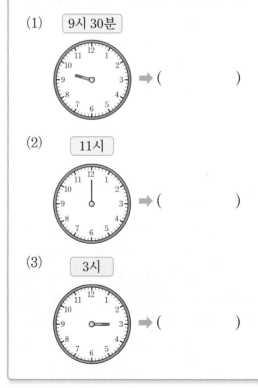

(1) 9시 30분 ➡ ( )

(2) 11시 ➡ ( )

(3) 3시 ➡ ( )

유형 1 각의 크기 비교하기

색종이로 만든 부채 모양을 펼쳐 보았습니다.
가장 크게 펼쳐진 것은 어느 것인가요?

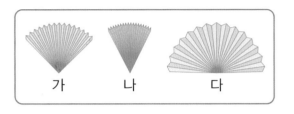

1-1 두 각 중에서 더 큰 각은 어느 것인가요?

(1) 가   나

(2) 가   나

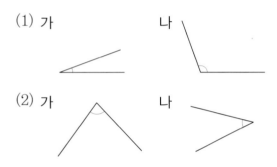

1-2 세 각 중에서 가장 작은 각을 찾아 기호를 써
보세요.

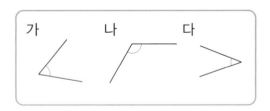

1-3 각의 크기가 가장 큰 각부터 차례로 기호를
써 보세요.

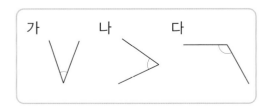

1-4 그림을 보고 물음에 답해 보세요.

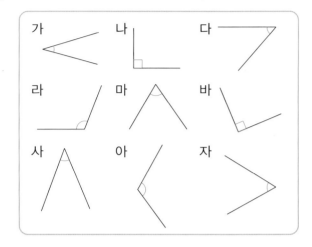

(1) 가, 나, 다 중 가장 작은 각을 찾아 기호
를 써 보세요.

(2) 라, 마, 바 중 가장 큰 각을 찾아 기호를
써 보세요.

(3) 사, 아, 자에서 가장 큰 각부터 차례로 기
호를 써 보세요.

(4) 직각보다 큰 각을 모두 찾아 기호를 써
보세요.

1-5 보기 보다 큰 각과 작은 각을 각각 그려 보세요.

보기

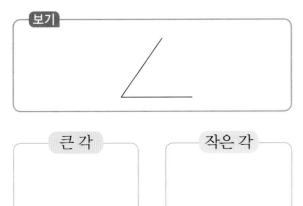

큰 각

작은 각

1-6 각의 크기가 가장 큰 것을 찾아 기호를 써 보세요.

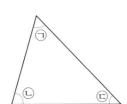

유형 2　각의 크기 재기

☐ 안에 알맞게 써넣으세요.

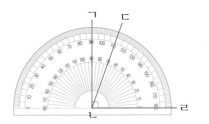

직각을 똑같이 90으로 나눈 하나를 ☐ 라 하고, ☐ °라고 씁니다.

2-1 각도기를 이용하여 각도를 재어 보려고 합니다. ☐ 안에 알맞은 수를 써넣으세요.

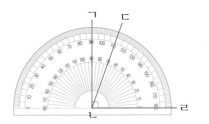

(1) 각 ㄱㄴㄹ은 직각이고 선분 ㄱㄴ이 가리키는 각도기의 눈금은 ☐ °이므로 직각은 ☐ °입니다.

(2) 직각을 똑같이 90으로 나눈 각도기의 작은 눈금 한 칸은 ☐ °를 나타냅니다.

(3) 각 ㄷㄴㄹ의 각의 크기는 ☐ °입니다.

2-2 각도를 구해 보세요.

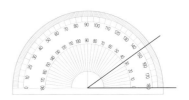

2-3 각도를 구해 보세요.

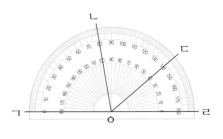

(1) (각 ㄱㅇㄷ)= ☐ °

(2) (각 ㄴㅇㄹ)= ☐ °

2 단원

2-4 각도를 바르게 잰 것은 어느 것인가요?

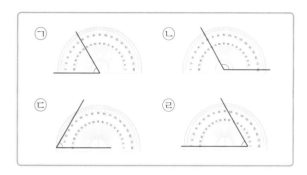

2-5 각도기를 이용하여 각도를 재어 보세요.

2-6 각도기를 이용하여 도형의 각도를 재어 □ 안에 알맞은 수를 써넣으세요.

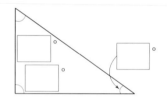

2-7 사각형에서 가장 큰 각과 가장 작은 각의 크기를 각각 재어 보세요.

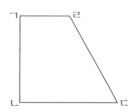

가장 큰 각의 크기 : □°

가장 작은 각의 크기 : □°

유형 3 직각보다 작은 각, 큰 각 알아보기

각을 보고 물음에 답해 보세요.

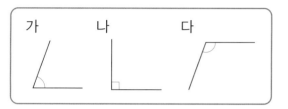

(1) 예각을 찾아 기호를 써 보세요.

(2) 둔각을 찾아 기호를 써 보세요.

3-1 예각은 모두 몇 개인가요?

160°, 35°, 110°, 25°, 95°, 15°

3-2 예각은 '예', 직각은 '직', 둔각은 '둔'으로 □ 안에 알맞게 써넣으세요.

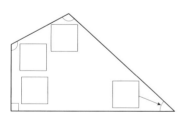

3-3 주어진 선을 한 변으로 하는 예각과 둔각을 그려 보세요.

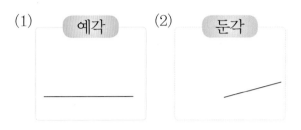

(1) 예각 (2) 둔각

3-4 그림을 보고 물음에 답해 보세요.

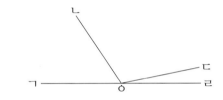

(1) 예각을 모두 찾아 써 보세요.

(2) 둔각을 모두 찾아 써 보세요.

3-5 도형에서 예각은 모두 몇 개인가요?

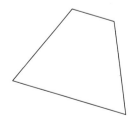

3-6 시계의 긴바늘과 짧은바늘이 이루는 작은 쪽의 각은 예각, 직각, 둔각 중 어느 각인가요?

3-7 시계의 긴바늘과 짧은바늘이 이루는 작은 쪽의 각이 예각인 것은 어느 것인가요?

① 1시 30분   ② 3시
③ 4시 15분   ④ 11시 20분
⑤ 7시

3-8 시계의 긴바늘과 짧은바늘이 이루는 작은 쪽의 각이 예각, 직각, 둔각 중 어느 것인지 써 보세요.

(1)  11시 40분   (   )

(2)  3시 10분   (   )

4 각도를 어림하기

✳ 직각 삼각자의 각을 생각하여 각도를 어림하고 각도기로 재어 봅니다.

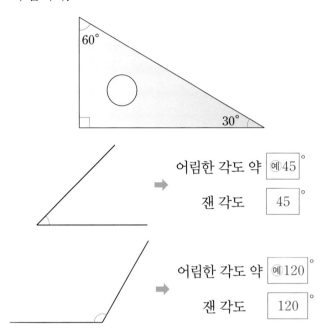

어림한 각도 약 [예) 45]°

잰 각도 [45]°

어림한 각도 약 [예) 120]°

잰 각도 [120]°

5 각도의 합과 차 구하기

(1) 두 각도의 합 구하기

두 각을 그림과 같이 이어 붙인 다음, 두 각도의 합을 각도기로 재어 구합니다.

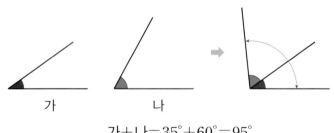

가

나

가＋나＝35°＋60°＝95°

(2) 두 각도의 차 구하기

두 각의 한 변을 그림과 같이 맞댄 다음, 두 각도의 차를 각도기로 재어 구합니다.

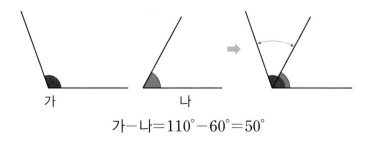

가

나

가－나＝110°－60°＝50°

확인문제

8 각도를 어림하여 보고 각도기로 재어 보세요.

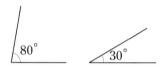

어림한 각도 약 [ ]°

잰 각도 [ ]°

9 두 각도의 합을 구해 보세요.

80°   30°

10 두 각도의 차를 구해 보세요.

135°   40°

11 계산해 보세요.

(1) 65°＋95°＝[ ]°

(2) 80°＋135°＝[ ]°

(3) 180°－55°＝[ ]°

(4) 90°－35°＝[ ]°

6 삼각형의 세 각의 크기의 합

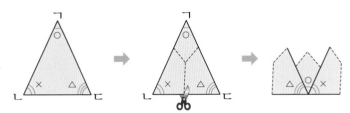

삼각형 ㄱㄴㄷ을 그림과 같이 잘라서 세 꼭짓점이 한 점에 모이도록 이어 붙이면 모두 직선 위에 꼭 맞추어집니다.
➡ 삼각형의 세 각의 크기의 합은 180°입니다.

✱ 삼각형의 한 각의 크기 구하기
삼각형의 세 각의 크기의 합이 180°이므로 두 각의 크기를 알면 나머지 한 각의 크기를 구할 수 있습니다.

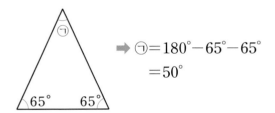

➡ ㉠=180°−65°−65°
　　=50°

7 사각형의 네 각의 크기의 합

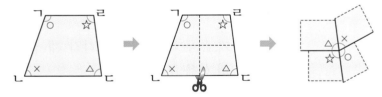

사각형 ㄱㄴㄷㄹ을 그림과 같이 잘라서 네 꼭짓점이 한 점에 모이도록 이어 붙이면 모인 각의 크기의 합은 360°입니다.
➡ 사각형의 네 각의 크기의 합은 360°입니다.

✱ 사각형의 한 각의 크기 구하기
사각형의 네 각의 크기의 합이 360°이므로 360°에서 세 각을 빼면 나머지 한 각의 크기를 구할 수 있습니다.

참고 삼각형을 이용하여 사각형의 네 각의 크기의 합 알아보기

(사각형의 네 각의 크기의 합)
=(삼각형의 세 각의 크기의 합)×2
=180°×2=360°

⑫ 각도기를 이용하여 삼각형과 사각형의 각의 크기를 각각 재어 보고 그 합을 구해 보세요.

2 단원

(1)

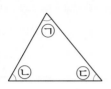

각	㉠	㉡	㉢
각도			

세 각의 크기의 합: ☐°

(2)

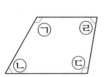

각	㉠	㉡	㉢	㉣
각도				

네 각의 크기의 합: ☐°

⑬ ☐ 안에 알맞은 수를 써넣으세요.

(1)

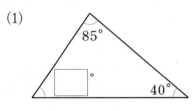

(2)

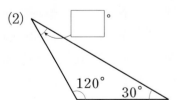

⑭ ☐ 안에 알맞은 수를 써넣으세요.

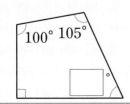

유형 4 각도를 어림하기

각도를 어림하여 보고 각도기로 재 보세요.

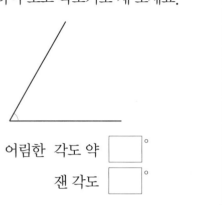

어림한 각도 약 ▢°

잰 각도 ▢°

4-1 각도를 어림하여 보고 각도기로 재 보세요.

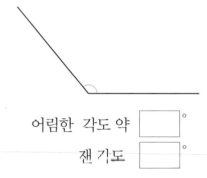

어림한 각도 약 ▢°

잰 각도 ▢°

4-2 그림을 보고 물음에 답해 보세요.

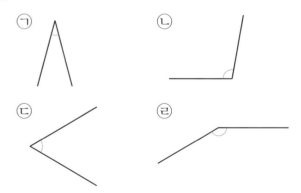

(1) 어림하여 약 60°쯤 되는 것을 찾아 기호를 써 보세요.

(2) 어림하여 약 100°쯤 되는 것을 찾아 기호를 써 보세요.

(3) ㉣의 각도는 약 몇 도쯤 되는지 어림하여 보고 각도기로 재 보세요.

유형 5 각도의 합과 차 구하기

두 각도의 합을 구해 보세요.

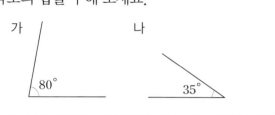

가   나

80°   35°

5-1 ▢ 안에 알맞은 수를 써넣으세요.

(1)

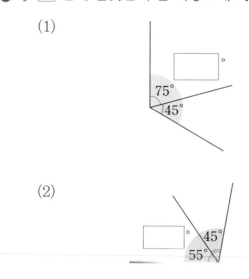

5-2 각도기로 두 각의 크기를 각각 재어 보고 두 각도의 합을 구해 보세요.

가   나

5-3 각도의 합을 구해 보세요.

(1) $95° + 40° = $ ▢°

(2) $110° + 30° = $ ▢°

5-4 각도의 합을 비교하여 ○ 안에 >, =, <를 알맞게 써넣으세요.

(1) $55° + 90°$ ◯ $80° + 65°$

(2) $120° + 20°$ ◯ $65° + 95°$

5-5 두 각도의 차를 구해 보세요.

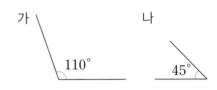

5-6 ☐ 안에 알맞은 수를 써넣으세요.

(1)

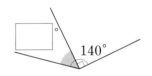

(2)

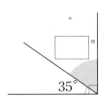

5-7 각도기로 두 각의 크기를 각각 재어 보고 두 각도의 차를 구해 보세요.

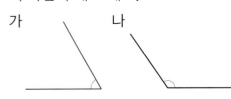

5-8 각도의 차를 구해 보세요.

(1) $165° - 80° = $ ☐ °

(2) $130° - 55° = $ ☐ °

5-9 각도가 가장 큰 것부터 차례로 기호를 써 보세요.

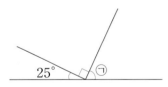

㉠ $90° - 15°$
㉡ $140° - 60°$
㉢ $150° - 85°$

5-10 도형에서 ㉠의 각도를 구해 보세요.

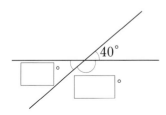

5-11 ☐ 안에 알맞은 수를 써넣으세요.

유형 6 삼각형의 세 각의 크기의 합

삼각형 ㄱㄴㄷ을 그림과 같이 잘라서 세 꼭짓점과 변이 만나도록 이어 붙였습니다. 삼각형의 세 각의 크기의 합은 몇 도인가요?

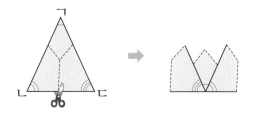

6-1 ☐ 안에 알맞은 수를 써넣으세요.

(1)

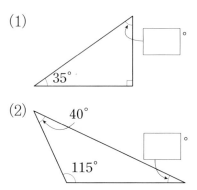

(2)

6-2 삼각형의 세 각 중에서 두 각의 크기가 각각 60°, 75°입니다. 나머지 한 각의 크기를 구해 보세요.

6-3 다음과 같이 삼각형 모양의 종이 한쪽이 찢어졌습니다. 찢어진 곳에 있던 각의 크기를 구해 보세요.

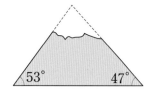

6-4 두 삼각자를 이용하여 다음과 같은 각을 만들었습니다. ㉠은 몇 도인가요?

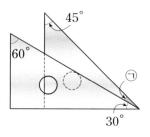

6-5 ☐ 안에 알맞은 수를 써넣으세요.

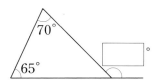

6-6 도형에서 ㉠과 ㉡의 각도의 합을 구해 보세요.

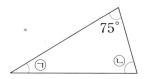

6-7 도형에서 ㉠의 각도를 구해 보세요.

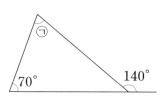

유형 7 사각형의 네 각의 크기의 합

사각형 ㄱㄴㄷㄹ을 그림과 같이 잘라서 네 꼭짓점과 변이 만나도록 이어 붙였습니다. 사각형의 네 각의 크기의 합은 몇 도인가요?

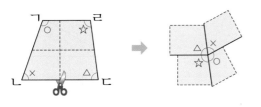

7-1 삼각형을 이용하여 사각형의 네 각의 크기의 합을 알아보려고 합니다. ☐ 안에 알맞은 수를 써넣으세요.

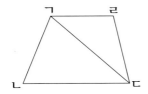

(1) 삼각형 ㄱㄴㄷ의 세 각의 크기의 합은 ☐°입니다.

(2) 삼각형 ㄱㄷㄹ의 세 각의 크기의 합은 ☐°입니다.

(3) 사각형 ㄱㄴㄷㄹ의 네 각의 크기의 합은 ☐°×2=☐°입니다.

7-2 ☐ 안에 알맞은 수를 써넣으세요.

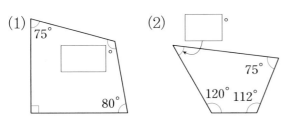

7-3 사각형의 네 각 중에서 세 각의 크기를 나타낸 것입니다. 나머지 한 각의 크기를 구해 보세요.

40°　　75°　　120°

7-4 도형에서 ㉠과 ㉡의 각도의 합을 구해 보세요.

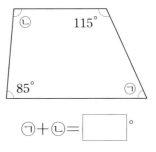

㉠+㉡=☐°

7-5 도형에서 ㉠과 ㉡의 각도의 합을 구해 보세요.

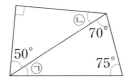

7-6 도형에서 각 ㄱㄹㅁ의 크기를 구해 보세요.

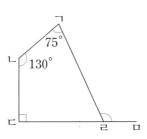

1 각의 크기가 가장 큰 것부터 차례로 기호를 써 보세요.

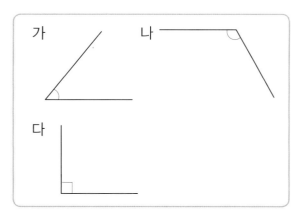

2 각도를 읽어 보세요.

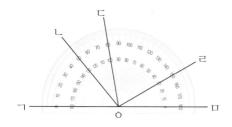

각도기로 각의 크기를 재어 보세요. [3~4]

3

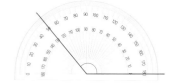

4

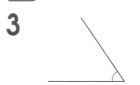

5 각 ㄱㅇㄹ의 크기는 각 ㄴㅇㄷ의 크기의 몇 배인가요?

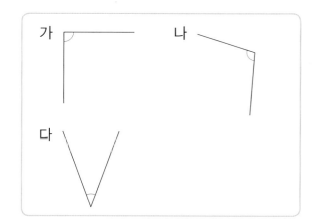

6 예각을 찾아 기호를 써 보세요.

7 도형에서 둔각을 찾아 기호를 써 보세요.

8 시계의 긴바늘과 짧은바늘이 이루는 작은 쪽의 각의 크기가 가장 작은 때는 언제인가요?

① 2시 ② 4시 ③ 6시
④ 9시 ⑤ 11시

9 삼각형의 세 각의 크기를 각각 재어 보고 가장 큰 각의 각도는 몇 도인지 구해 보세요.

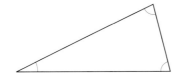

10 다음은 별자리 중 사자자리를 보고 그린 것입니다. 예각은 '예', 둔각은 '둔'으로 □ 안에 알맞게 써넣으세요.

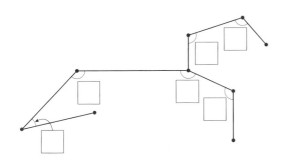

11 시계를 보고 시계의 긴바늘과 짧은바늘이 이루는 작은 쪽의 각이 예각과 둔각 중 어느 것인지 ( ) 안에 알맞게 써넣으세요.

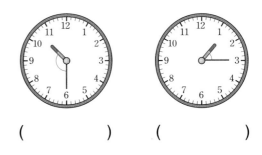

(   )   (   )

12 시계의 긴바늘과 짧은바늘이 이루는 작은 쪽의 각이 예각인 것을 모두 고르세요.

① 2시 30분 ② 7시
③ 4시 30분 ④ 11시 20분
⑤ 12시 55분

13 시계의 긴바늘과 짧은바늘이 이루는 작은 쪽의 각이 둔각인 것은 어느 것인가요?

① 5시 30분 ② 9시
③ 10시 40분 ④ 1시 45분
⑤ 6시 20분

14 시계가 가리키는 시각으로부터 30분 후에 시계의 긴바늘과 짧은바늘이 이루는 작은 쪽의 각은 예각, 직각, 둔각 중에서 어느 것인가요?

그림을 보고 물음에 답해 보세요. [15~18]

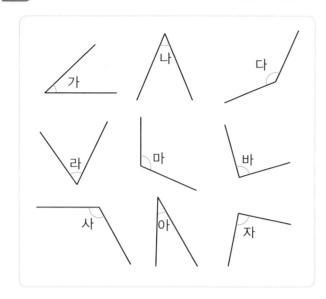

15 직각을 모두 찾아 기호를 써 보세요.

16 예각을 모두 찾아 기호를 써 보세요.

17 둔각을 모두 찾아 기호를 써 보세요.

18 예각은 둔각보다 몇 개 더 많은가요?

주어진 선을 이용하여 예각과 둔각을 각각 그려 보세요. [19~20]

19

예각

20

둔각

각도를 어림하여 보고 실제 각도기로 재어 보세요. [21~22]

21

어림한 각도 약 [ ]°

잰 각도 [ ]°

22

어림한 각도 약 [ ]°

잰 각도 [ ]°

23 각도기로 두 각의 크기를 각각 재어 보고 두 각도의 합을 구해 보세요.

24 각도기로 두 각의 크기를 각각 재어 보고 두 각도의 차를 구해 보세요.

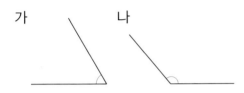

25 두 각도의 차를 구해 보세요.

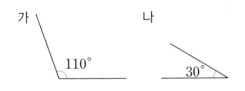

26 계산해 보세요.

(1) $65° + 95° = \boxed{}°$

(2) $180° - 55° = \boxed{}°$

27 각도가 가장 큰 것부터 차례로 기호를 써 보세요.

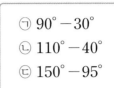

ㄱ $90° - 30°$

ㄴ $110° - 40°$

ㄷ $150° - 95°$

도형을 보고 물음에 답해 보세요. [28~29]

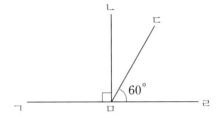

28 각 ㄴㅁㄷ의 크기는 몇 도인가요?

29 각 ㄱㅁㄷ의 크기는 몇 도인가요?

30 각도의 합을 비교하여 ○ 안에 >, =, <를 알맞게 써넣으세요.

(1) $75° + 90°$ ◯ $80° + 85°$

(2) $105° + 20°$ ◯ $65° + 65°$

31 ☐ 안에 알맞은 수를 써넣으세요.

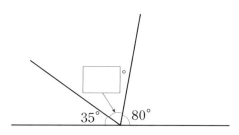

32 ☐ 안에 알맞은 수를 써넣으세요.

(1) $180° + 45° = $ ☐ $°$

(2) $25° + 55° + $ ☐ $° = 90°$

(3) $32° + 90° + 238° - 180° = $ ☐ $°$

두 삼각자를 이용하여 다음과 같은 각을 만들었습니다. ☐ 안에 알맞은 수를 써넣으세요.

[33~34]

33

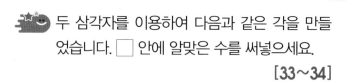

34

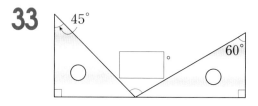

☐ 안에 알맞은 수를 써넣으세요. [35~36]

35

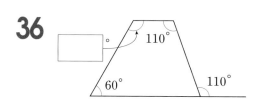

36

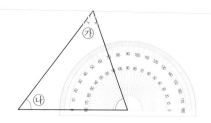

37 다음 도형에서 ㉮와 ㉯의 각도의 합은 얼마 인가요?

38 ☐ 안에 알맞은 수를 써넣으세요.

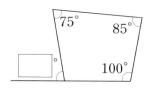

39 직각을 같은 크기로 나눈 것입니다. 각 ㄴㅇㄹ 의 크기는 몇 도인가요?

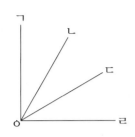

40 도형에서 ㉠과 ㉡의 각도의 합을 구해 보세요.

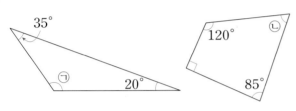

41 도형에서 ㉠의 각도를 구해 보세요.

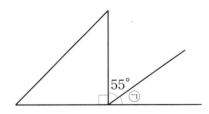

42 ㉠과 ㉡의 각도의 합을 구해 보세요.

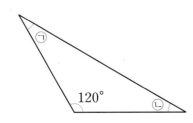

㉠과 ㉡의 각도의 합을 구해 보세요. [43~44]

43

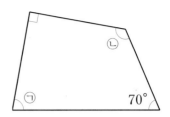

44

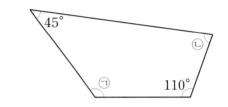

☐ 안에 알맞은 수를 써넣으세요. [45~46]

45

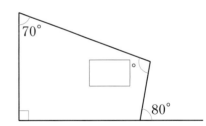

46

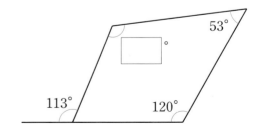

가장 작은 각 한 개의 크기를 먼저 구해 봅니다.

1 오른쪽 그림은 직각을 크기가 똑같은 6개의 각으로 나눈 것입니다. 각 ㄴㅇㅂ의 크기는 몇 도인가요?

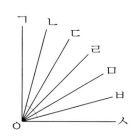

2 오른쪽 그림은 각 ㄱㅇㅂ을 똑같이 5등분 한 것입니다. 각 ㄱㅇㄷ과 크기가 같은 각을 모두 찾아 써 보세요.

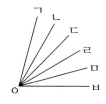

3 오른쪽과 같이 여닫이 문이 50°만큼 열려 있습니다. 180°보다 30° 작게 열어 놓으려면 몇 도만큼 더 열면 될까요?

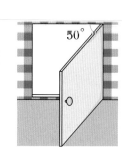

삼각형에서 주어진 두 각을 이용하여 나머지 한 각의 크기를 먼저 구해 봅니다.

4 도형에서 ㉠의 각도를 구해 보세요.

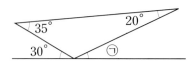

5 시계의 긴바늘과 짧은바늘이 이루는 작은 쪽의 각이 둔각인 것은 다음 중 몇 개인가요?

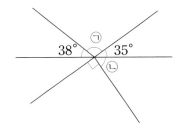

ㄱ 5시 5분 ㄴ 2시 8분 ㄷ 10시 10분
ㄹ 8시 55분 ㅁ 4시 35분 ㅂ 3시

6 도형에서 ㉠과 ㉡의 각도의 차를 구해 보세요.

7 ☐ 안에 알맞은 각도를 구해 보세요.

(1)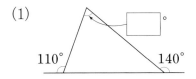

(2)

8 ☐ 안에 알맞은 수를 써넣으세요.

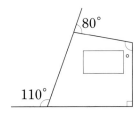

9 오른쪽 도형에서 여섯 개의 각도의 합을 구해 보세요.

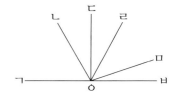

예각은 90°보다 작은 각입니다.

10 오른쪽 그림에서 찾을 수 있는 크고 작은 예각은 모두 몇 개인가요?

11 가와 나 시계에서 시계의 두 바늘이 이루는 작은 쪽의 각도의 차를 구해 보세요.

가    나

12 오른쪽 도형에서 ㉮의 각도를 구해 보세요.

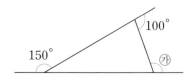

13 오른쪽 도형에서 ㉠의 각도를
구해 보세요.

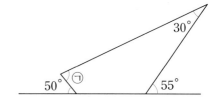

2종류인 삼각자의 세 각의 크
기를 살펴본 후 ㉮와 ㉯를 구합
니다.

14 그림과 같이 서로 다른 두 삼각자를 겹쳐 놓았을 때, ㉮와 ㉯의 각도를 각각
구해 보세요.

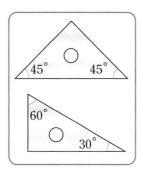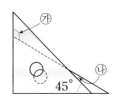

15 삼각형 ㄱㄴㄷ에서 각 ㄴㄷㄱ과 각 ㄷㄱㄴ의 크기가 같습니다. □ 안에 알맞
은 수를 써넣으세요.

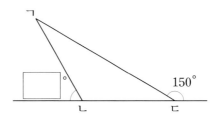

16 □ 안에 알맞은 수를 써넣으세요.

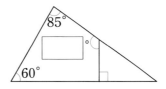

01 두 삼각자를 이용하여 오른쪽과 같은 각을 만들었습니다. ㉠의 각도를 구해 보세요.

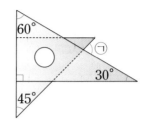

02 그림에서 작은 각들은 크기가 모두 같습니다. 찾을 수 있는 크고 작은 예각의 개수와 둔각의 개수의 차를 구해 보세요.

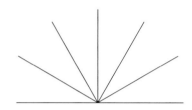

03 그림에서 각 ㄱㅇㄹ의 크기는 125°, 각 ㄴㅇㅁ의 크기는 135°, 각 ㄷㅇㄹ의 크기는 25°입니다. 각 ㄴㅇㄷ의 크기를 구해 보세요.

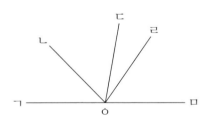

04 그림에서 표시된 ㉮, ㉯, ㉰의 각도를 각각 구해 보세요.

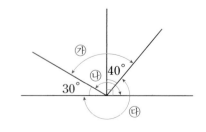

05 그림에서 ㉠과 ㉡의 각도의 합을 구해 보세요.

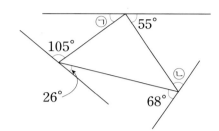

06 도형에서 ㉠의 각도를 구해 보세요.

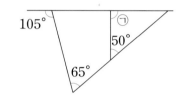

07 도형에서 ㉠의 각도를 구해 보세요.

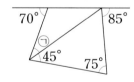

08 삼각형의 세 각 ㉠, ㉡, ㉢이 다음의 조건을 모두 만족할 때, 삼각형의 세 각의 크기 중 두 번째로 큰 각의 크기는 몇 도인가요?

- ㉠의 각도는 ㉡의 각도보다 $77°$ 더 큽니다.
- ㉡의 각도는 ㉢의 각도보다 $19°$ 더 작습니다.

09

오른쪽 그림은 직사각형 모양의 종이를 접은 것입니다. ㉮의 각도를 구해 보세요.

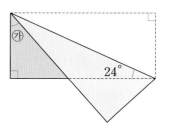

10

오른쪽 그림에서 ㉮, ㉯, ㉰의 각도의 합을 구해 보세요.

직선에서 이루어지는 각도가 180°이고, 삼각형의 세 각의 크기의 합도 180°임을 이용합니다.

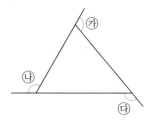

11

그림에서 ㉮, ㉯, ㉰의 각도의 합을 구해 보세요.

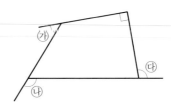

12

도형에서 각 ㄴㄷㄹ과 각 ㄱㄹㄷ의 크기가 같고, 각 ㅁㄹㅂ과 각 ㅁㅂㄹ의 크기가 같을 때, 각 ㄹㄱㅅ의 크기는 몇 도인가요?

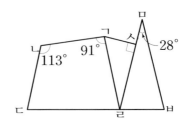

13 각 ㄱㅂㅁ의 크기를 구해 보세요.

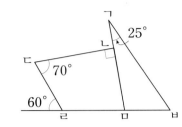

14 각 ㄱㄴㄷ과 각 ㄱㄹㄷ의 크기가 같고 각 ㄴㄱㄹ과 각 ㄴㄷㄹ의 크기가 같습니다.
각 ㄱㄴㄷ의 크기를 구해 보세요.

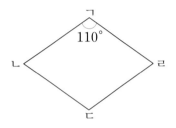

15 도형에서 ㉠+㉡+㉢+㉣+㉤+㉥의 크기는 몇 도인지 구해 보세요.

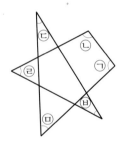

16 두 도형의 한 변을 맞닿게 하여 겹쳐 놓은 것입니다. ㉠의 각도를 구해 보세요.
(단, 두 도형은 각의 크기가 각각 모두 같습니다.)

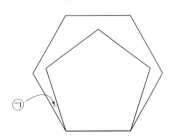

1 크기가 가장 큰 각을 찾아 기호를 써 보세요.

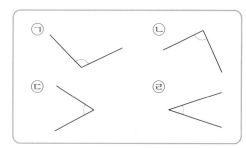

2 각도를 읽어 보세요.

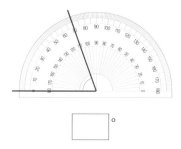

☐°

3 사각형의 각의 크기를 각도기로 재어서 ☐ 안에 알맞은 수를 써넣으세요.

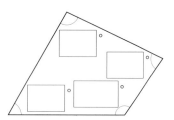

4 ☐ 안에 공통으로 들어갈 수는 얼마인가요?

예각은 크기가 ☐°보다 작은 각이고, 둔 각은 크기가 ☐°보다 크고 180°보다 작 은 각이며, 직각은 ☐°인 각입니다.

5 주어진 각도를 재어 보고 예각이면 '예', 직 각이면 '직', 둔각이면 '둔'이라고 써 보세요.

(1)

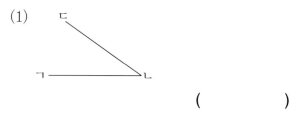

( )

(2)

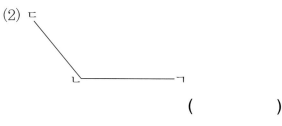

( )

6 시계의 긴바늘과 짧은바늘이 이루는 작은 쪽 의 각의 크기를 구해 보세요.

7 ☐ 안에 알맞은 수를 써넣으세요.

(1)   (2)

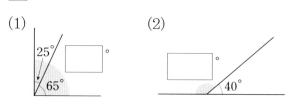

8 각도가 가장 큰 것부터 차례로 기호를 써 보세요.

> ㉠ 90°+40°
> ㉡ 170°−35°
> ㉢ 180°−55°

9 도형에서 ㉮와 ㉯의 각도를 각각 구해 보세요.

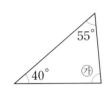 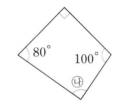

 그림을 보고 물음에 답해 보세요. [**10~11**]

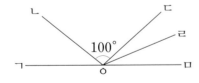

10 찾을 수 있는 크고 작은 예각은 모두 몇 개인가요?

11 찾을 수 있는 크고 작은 둔각은 모두 몇 개인가요?

12 오른쪽 그림은 각 ㄱㅇㄷ을 똑같이 5등분 한 것입니다. 각 ㄱㅇㄷ이 직각일 때, 각 ㄴㅇㄷ의 크기를 구해 보세요.

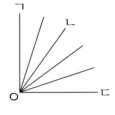

13 각 ㄴㄱㄷ과 각 ㄴㄷㄱ은 크기가 같습니다. ☐ 안에 알맞은 수를 써넣으세요.

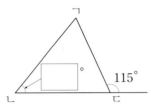

14 시계의 긴바늘과 짧은바늘이 이루는 작은 쪽의 각이 예각인 것은 어느 것인가요?

① 3시 40분   ② 2시 35분
③ 12시 20분   ④ 9시 40분
⑤ 5시

15 그림과 같이 삼각형 ㄱㄴㄷ과 사각형 ㅂㄷㄹㅁ을 직선 위에 맞추어 놓았습니다. 각 ㄱㄷㅂ의 크기를 구해 보세요.

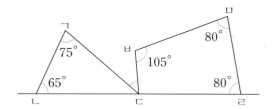

18 도형에서 ㉮와 ㉯의 각도의 합은 얼마인지 설명해 보세요.

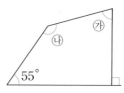

16 도형에서 ㉠과 ㉡의 각도의 차를 구해 보세요.

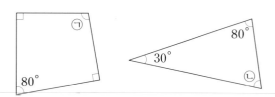

19 두 각의 크기가 각각 50°, 60°인 삼각형이 있습니다. 이 삼각형의 나머지 한 각은 예각, 직각, 둔각 중 어느 것인지 설명해 보세요.

20 삼각형 ㄱㄴㄷ에서 각 ㄱㄴㄷ과 각 ㄱㄷㄴ의 크기는 같습니다. 각 ㄴㄱㄷ의 크기는 몇 도인지 설명해 보세요.

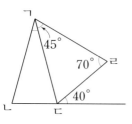

17 그림과 같이 직사각형 모양의 종이를 접었습니다. 각 ㄱㄷㄴ은 몇 도인지 구해 보세요.

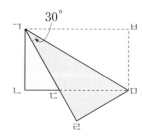

단원 **3** 곱셈과 나눗셈

이번에 배울 내용

1 (세 자리 수)×(몇십)

2 (세 자리 수)×(두 자리 수)

3 (몇백몇십)÷(몇십)

4 (두 자리 수)÷(두 자리 수)

5 (세 자리 수)÷(몇십몇) – 몫이 한 자리 수인 경우

6 (세 자리 수)÷(몇십몇) – 몫이 두 자리 수인 경우

7 곱셈과 나눗셈의 활용

1 (세 자리 수)×(몇십)

✱ (세 자리 수)×(몇십)은 (세 자리 수)×(몇)의 결과에 0을 하나 더 붙입니다.

$$240 \times 3 = 720$$
$$240 \times 30 = 7200 \quad \text{10배}$$

✱ (몇백)×(몇십)은 (몇)×(몇)의 값에 두 수의 0의 개수만큼 0을 붙입니다.

$$200 \times 30 = 6000$$
$$2 \times 3 = 6$$

2 (세 자리 수)×(두 자리 수)

✱ $123 \times 32 = 123 \times 2 + 123 \times 30$
$\qquad = 246 + 3690 = 3936$

➡ 123×32의 값은 곱하는 수인 32를 일의 자리 수와 십의 자리 수로 나누어 차례로 곱한 후 두 값을 더하여 구합니다.

✱ 123×32를 세로로 계산하기

123		123	123		123
× 32	➡	× 2	× 30	➡	× 32
		246	3690		246
					3690
					3936

3 (몇백몇십)÷(몇십)

(1) $180 \div 20 = 9$
$\quad (18 \div 2 = 9)$

참고 180에는 20이 9번 포함됩니다.

$$\begin{array}{r} 9 \leftarrow \text{몫} \\ 20\overline{)180} \\ 180 \\ \hline 0 \end{array}$$

(2) $220 \div 70 = 3 \cdots 10$

✏확인 $70 \times 3 = 210,$
$\qquad 210 + 10 = 220$

$$\begin{array}{r} 3 \leftarrow \text{몫} \\ 70\overline{)220} \\ 210 \\ \hline 10 \leftarrow \text{나머지} \end{array}$$

확인문제

1 □ 안에 알맞은 수를 써넣으세요.

(1) $320 \times 40 = \boxed{}$

(2) $400 \times 60 = \boxed{}$

(3) $500 \times 40 = \boxed{}$

2 □ 안에 알맞은 수를 써넣으세요.

(1)
$$\begin{array}{r} 274 \\ \times\ 30 \\ \hline \boxed{} \end{array}$$

(2)
$$\begin{array}{r} 963 \\ \times\ 40 \\ \hline \boxed{} \end{array}$$

3 □ 안에 알맞은 수를 써넣으세요.

136×45

$= 136 \times 5 + 136 \times \boxed{}$

$= \boxed{} + \boxed{}$

$= \boxed{}$

4 □ 안에 알맞은 수를 써넣으세요.

(1)
$$\begin{array}{r} 275 \\ \times\ 32 \\ \hline \boxed{} \\ \boxed{} \\ \boxed{} \end{array}$$

(2)
$$\begin{array}{r} 862 \\ \times\ 73 \\ \hline \boxed{} \\ \boxed{} \\ \boxed{} \end{array}$$

5 □ 안에 알맞은 수를 써넣으세요.

(1) $60 \div 20 = \boxed{}$

(2)
$$\begin{array}{r} \boxed{} \\ 70\overline{)360} \\ \boxed{} \\ \hline 10 \end{array}$$

4 (두 자리 수)÷(두 자리 수)

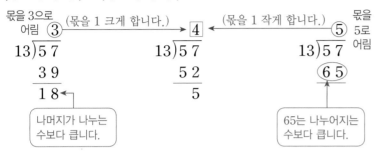

몫을 3으로 어림 ③

몫을 1 크게 합니다. → ④

몫을 1 작게 합니다. → ⑤

몫을 5로 어림

$13\overline{)57}$ $\frac{39}{18}$ ←

$13\overline{)57}$ $\frac{52}{5}$

$13\overline{)57}$ $\frac{65}{}$

나머지가 나누는 수보다 큽니다.

65는 나누어지는 수보다 큽니다.

$57÷13=\boxed{4}\cdots5$ ➡ 확인 $13×\boxed{4}=52,\ 52+5=57$

5 (세 자리 수)÷(몇십몇) — 몫이 한 자리 수인 경우

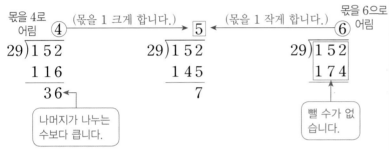

몫을 4로 어림 ④

몫을 1 크게 합니다. → ⑤

몫을 1 작게 합니다. → ⑥

몫을 6으로 어림

$29\overline{)152}$ $\frac{116}{36}$ ←

$29\overline{)152}$ $\frac{145}{7}$

$29\overline{)152}$ $\boxed{174}$

나머지가 나누는 수보다 큽니다.

뺄 수가 없습니다.

$152÷29=\boxed{5}\cdots\boxed{7}$ ➡ 확인 $29×5=145,\ 145+7=152$

6 (세 자리 수)÷(몇십몇) — 몫이 두 자리 수인 경우

$16\overline{)738}$ $\frac{64}{9}$ ➡ $16\overline{)738}$ $\frac{64}{98}$ ➡ $16\overline{)738}$ $\frac{64}{98}$ $\frac{96}{2}$

$738÷16=\boxed{46}\cdots\boxed{2}$ ➡ 확인 $16×46=736,\ 736+2=738$

7 곱셈과 나눗셈의 활용

물고기가 한 달 동안 먹는 사료의 양은 150 g입니다.

① 물고기가 일년 동안 먹는 사료의 양은 얼마인가요? (곱셈 활용)

$150×12=1800(g)$

② 물고기가 하루 동안 먹는 사료의 양은 얼마인가요? (나눗셈 활용)

$150÷30=5(g)$

확인문제

6 □ 안에 알맞은 수를 써넣으세요.

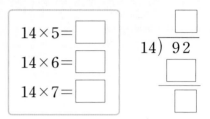

$14×5=\boxed{}$
$14×6=\boxed{}$
$14×7=\boxed{}$

$14\overline{)92}$

7 □ 안에 알맞은 수를 써넣으세요.

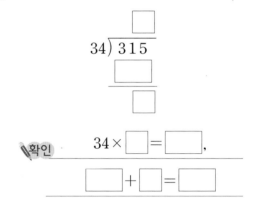

$34\overline{)315}$

확인 $34×\boxed{}=\boxed{}$,

$\boxed{}+\boxed{}=\boxed{}$

8 □ 안에 알맞은 수를 써넣으세요.

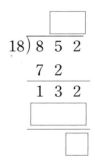

$18\overline{)852}$ $\frac{72}{132}$

9 유승이는 280쪽인 동화책을 매일 14쪽씩 읽으려고 합니다. □ 안에 알맞은 기호와 수를 써넣으세요.

(1) 동화책을 모두 읽는데 며칠 걸릴까요?

$280\ \boxed{}\ 14=\boxed{}$(일)

(2) 5일 동안 읽은 동화책은 몇 쪽일까요?

$14\ \boxed{}\ 5=\boxed{}$(쪽)

3 단원

유형 1 (세 자리 수)×(몇십)

370×20을 계산하려고 합니다. □ 안에 알맞은 수를 써넣으세요.

$$370 \times 2 = \boxed{}$$

$$\Rightarrow 370 \times 20 = \boxed{}$$

1-1 계산해 보세요.

(1)
```
  1 4 3
×   4 0
```

(2)
```
  3 5 8
×   3 0
```

1-2 빈 곳에 두 수의 곱을 써넣으세요.

(1)
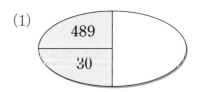

(2)
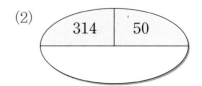

1-3 계산해 보세요.

(1) 400×20

(2) 30×320

(3)
```
  5 0 0
×   6 0
```

(4)
```
  7 6 0
×   8 0
```

유형 2 (세 자리 수)×(두 자리 수)

□ 안에 알맞은 수를 써넣으세요.

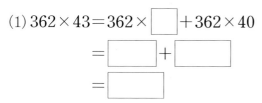

2-1 □ 안에 알맞은 수를 써넣으세요.

(1) $362 \times 43 = 362 \times \boxed{} + 362 \times 40$

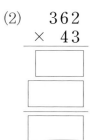

(2)
```
  3 6 2
×   4 3
```

2-2 계산해 보세요.

(1)
```
  2 5 1
×   3 1
```

(2)
```
  3 8 5
×   7 4
```

2-3 □ 안에 알맞은 수를 써넣으세요.

(1)
426 → ×42 →

(2)
459
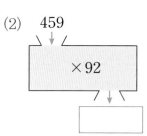
×92

2-4 곱이 가장 큰 것부터 차례로 기호를 써 보세요.

> ⊙ 703×81
> ⓒ 963×54
> ⓒ 412×18

2-5 398×69를 (몇백)×(몇십)으로 어림셈하고 실제 값으로 계산해 보세요.

어림셈   ☐ × ☐ = ☐

실제 계산
$$\begin{array}{r} 398 \\ \times\ 69 \\ \hline \square \\ \hline \square \\ \hline \square \end{array}$$

2-6 예슬이는 195×19의 계산 결과를 다음과 같이 어림하였습니다. 예슬이가 304×32를 어떤 방법으로 어림할지 써 보세요.

> 195는 200보다 작고, 19는 20보다 작으므로 계산 결과는 4000보다 작을거야.

_____

_____

_____

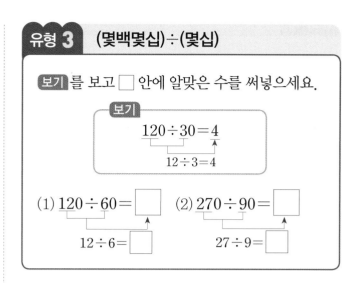

보기 를 보고 ☐ 안에 알맞은 수를 써넣으세요.

보기
$$120 \div 30 = 4$$
$$12 \div 3 = 4$$

(1) $120 \div 60 = \square$
   $12 \div 6 = \square$

(2) $270 \div 90 = \square$
   $27 \div 9 = \square$

3-1 ☐ 안에 알맞은 수를 써넣으세요.

(1)
$$40\overline{)280}$$
(2)
$$30\overline{)150}$$

3-2 몫이 같은 것끼리 선으로 이어 보세요.

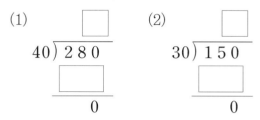

120÷30 •   • 350÷70
450÷90 •   • 240÷60
320÷40 •   • 560÷70

3-3 몫이 가장 작은 나눗셈에 ○ 하세요.

> 120÷20   630÷90   300÷60

유형 4 (두 자리 수)÷(두 자리 수)

주어진 곱셈식을 보고 □ 안에 알맞은 수를 써넣으세요.

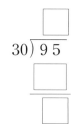

$30 \times 2 = 60$
$30 \times 3 = 90$
$30 \times 4 = 120$
$30 \times 5 = 150$

$30 \overline{)\, 9\, 5}$

4-1 □ 안에 알맞은 수를 써넣으세요.

$15 \times 4 =$
$15 \times 5 =$
$15 \times 6 =$

$15 \overline{)\, 8\, 4}$ ← $15 \times$

4-2 계산을 하고 확인하세요.

(1) $27 \overline{)\, 8\, 4}$

✏확인 _____

(2) $14 \overline{)\, 9\, 5}$

✏확인 _____

4-3 □ 안에 몫을 쓰고, ○ 안에 나머지를 써넣으세요.

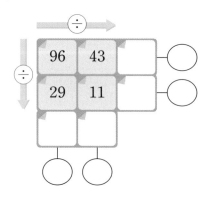

÷		
96	43	○
29	11	○

유형 5 (세 자리 수)÷(두 자리 수) — 몫이 한 자리 수

□ 안에 알맞은 수를 써넣으세요.

(1) $19 \overline{)\, 1\, 7\, 8}$

(2) $25 \overline{)\, 1\, 8\, 8}$

5-1 어림한 나눗셈의 몫으로 가장 적절한 것에 ○표 하세요.

(1)

$141 \div 19$

(　　3　　5　　7　　9　　)

(2)

$362 \div 38$

(　　6　　9　　20　　30　　)

5-2 나눗셈의 몫을 찾아 선으로 이어 보세요.

$161 \div 30$ •　　• 4

$443 \div 70$ •　　• 5

$215 \div 50$ •　　• 6

5-3 나머지가 더 큰 것을 찾아 기호를 써 보세요.

ㄱ $279 \div 90$　ㄴ $151 \div 20$

5-4 나머지가 가장 큰 것부터 차례로 ◯ 안에 번호를 써넣으세요.

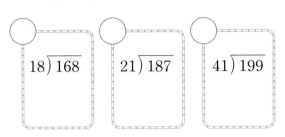

5-5 계산을 하고 확인하세요.

(1) $82 \overline{)809}$

✎확인 _____

(2) $43 \overline{)315}$

✎확인 _____

5-6 가운데 ◇ 안의 수를 바깥 수로 나누어 큰 원의 빈 곳에 몫을 써넣고, 나머지는 ☁ 안에 써넣으세요.

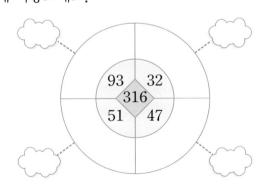

5-7 몫의 크기를 비교하여 ◯ 안에 >, =, <를 알맞게 써넣으세요.

$350 \div 58 \bigcirc 200 \div 27$

유형 6 **(세 자리 수)÷(두 자리 수)** — 몫이 두 자리 수이고 나머지가 없음

□ 안에 알맞은 수를 써넣으세요.

✎확인 $36 \times \square = \square$

6-1 빈칸에 알맞은 수를 써넣고 $625 \div 28$의 몫을 어림해 보세요.

$\times 28$	10	20	30
	280		

$625 \div 28$의 몫은 □ 보다 크고 □ 보다 작습니다.

6-2 몫이 두 자리 수인 나눗셈을 모두 찾아 기호를 써 보세요.

㉠ $176 \div 11$	㉡ $738 \div 82$
㉢ $943 \div 23$	㉣ $448 \div 56$

6-3 계산을 하고 확인해 보세요.

$18 \overline{)666}$

✎확인 _____

6-4 몫이 가장 큰 것부터 차례로 기호를 써 보세요.

> ㉠ 429÷13
> ㉡ 902÷22
> ㉢ 812÷28

6-5 □ 안에 알맞은 식의 기호를 써넣으세요.

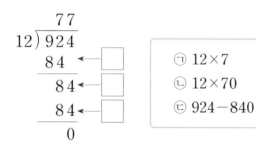

> ㉠ 12×7
> ㉡ 12×70
> ㉢ 924−840

6-6 ○ 안에 >, <를 알맞게 써넣으세요.

768÷24 ◯ 774÷18

6-7 석기네 학교 급식에서 학생 510명에게 삶은 달걀을 한 개씩 주었습니다. 달걀이 한 판에 30개씩일 때 학생들이 먹은 달걀은 몇 판인지 구해 보세요.

식 _____

답 _____ 판

유형 7 (세 자리 수)÷(두 자리 수) — 몫이 두 자리 수이고 나머지도 있음

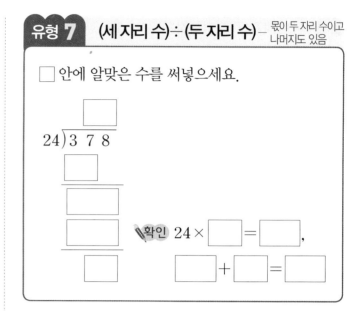

□ 안에 알맞은 수를 써넣으세요.

24)3 7 8

확인 24 × □ = □,
□ + □ = □

7-1 계산을 하고 확인해 보세요.

(1) 64)939

확인 _____

(2) 38)446

확인 _____

7-2 나눗셈의 나머지를 찾아 선으로 이어 보세요.

239÷21 •	• 7
455÷32 •	• 12
362÷14 •	• 8

7-3 몫이 더 작은 것을 찾아 기호를 써 보세요.

> ㉠ 271÷23   ㉡ 519÷34

7-4 몫이 가장 큰 것부터 차례로 기호를 써 보세요.

> ㉠ 428÷33
> ㉡ 659÷28
> ㉢ 720÷35

7-5 몫의 크기를 비교하여 ○ 안에 >, <를 알맞게 써넣으세요.

520÷25 ◯ 684÷31

7-6 어떤 수를 42로 나누면 몫이 18이고 나머지가 24입니다. 어떤 수를 구해 보세요.

식_____

답_____

7-7 한별이네 학교에서 405명이 수학 체험전을 가려고 합니다. 버스 한 대에 35명씩 탄다면 버스는 모두 몇 대가 필요한지 구해 보세요.

식_____

답_____대

유형 8 **곱셈과 나눗셈의 활용**

도넛 한 개를 만들 때 46 g의 밀가루를 사용한다고 합니다. 물음에 답해 보세요.

(1) 밀가루 750 g이 있다면 도넛을 몇 개 만들 수 있나요?

식_____

답_____개

(2) 도넛 135개를 만들 때 필요한 밀가루의 양을 구해 보세요.

식_____

답_____g

8-1 유승이네 학교에서 346명이 우유 급식을 합니다. 물음에 답해 보세요.

(1) 21일 동안 학생들이 마신 우유는 모두 몇 개인가요?

식_____

답_____개

(2) 우유를 한 상자에 24개씩 담는다면 하루에 필요한 우유는 몇 상자인가요?

식_____

답_____상자

8-2 사탕 570개를 한 봉지에 32개씩 포장하여 판매하려고 합니다. 물음에 답해 보세요.

(1) 포장한 사탕은 몇 봉지인가요?

식_____

답_____봉지

(2) 사탕 한 봉지를 950원에 판다면 판매 금액은 모두 얼마인가요?

식_____

답_____원

3
단원

🐛 (세 자리 수)×(몇십)의 계산 방법입니다. □ 안에 알맞은 수를 써넣으세요. [1~2]

1

$320 \times 4 = \boxed{}$ ⟶ $\boxed{}$ 배

$320 \times 40 = \boxed{}$ ⟵

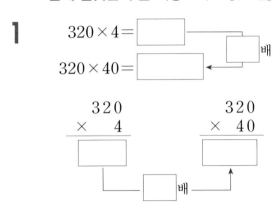

$$\begin{array}{r} 320 \\ \times \quad 4 \\ \hline \boxed{} \end{array}$$ $$\begin{array}{r} 320 \\ \times \quad 40 \\ \hline \boxed{} \end{array}$$

$\boxed{}$ 배

2

$236 \times 5 = \boxed{}$ ⟶ $\boxed{}$ 배

$236 \times 50 = \boxed{}$ ⟵

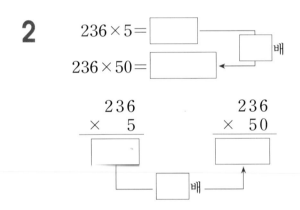

$$\begin{array}{r} 236 \\ \times \quad 5 \\ \hline \boxed{} \end{array}$$ $$\begin{array}{r} 236 \\ \times \quad 50 \\ \hline \boxed{} \end{array}$$

$\boxed{}$ 배

3 계산해 보세요.

(1) 425×60

(2) 700×20

4 □ 안에 알맞은 수를 써넣으세요.

$$600 \times \boxed{} = 18000$$

5 관계있는 것끼리 선으로 이어 보세요.

$\boxed{300 \times 80}$ •　　• $\boxed{600 \times 60}$

$\boxed{900 \times 40}$ •　　• $\boxed{600 \times 40}$

6 곱이 가장 큰 것을 찾아 기호를 써 보세요.

㉠ 500×50
㉡ 260×40
㉢ 325×30

7 ○ 안에 >, <를 알맞게 써넣으세요.

438×60 ○ 360×80

8 영수는 하루에 $500\,\text{mL}$씩 우유를 마십니다. 영수가 30일 동안 마신 우유의 양은 모두 몇 mL인가요?

☆ □ 안에 알맞은 수를 써넣으세요. [9~10]

9
$$270 \times 45 = 270 \times 5 + 270 \times \boxed{}$$
$$= \boxed{} + \boxed{}$$
$$= \boxed{}$$

10
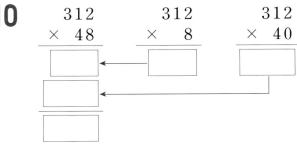

11 □ 안에 알맞은 수를 써넣으세요.

$$\begin{array}{r} 380 \\ \times\ 43 \\ \hline \boxed{} \\ \boxed{} \\ \hline \boxed{} \end{array}$$

12 계산해 보세요.

(1)
$$\begin{array}{r} 827 \\ \times\ 52 \\ \hline \end{array}$$

(2)
$$\begin{array}{r} 735 \\ \times\ 83 \\ \hline \end{array}$$

13 곱이 가장 큰 것부터 차례로 기호를 써 보세요.

㉠ 914×50	㉡ 356×40
㉢ 578×62	㉣ 879×54

14 어느 공장에서 아이스크림 1개를 만드는 데 비용이 562원 듭니다. 아이스크림 74개를 만드는 데 드는 비용은 모두 얼마인가요?

15 5, 0, 7, 2, 8 5장의 숫자 카드를 모두 사용하여 가장 작은 세 자리 수와 가장 큰 두 자리 수를 각각 만들었습니다. 두 수의 곱을 구하세요.

16 잘못 계산한 곳을 찾아 바르게 고쳐 보세요.

$$\begin{array}{r} 807 \\ \times\ 33 \\ \hline 2421 \\ 2421 \\ \hline 4842 \end{array} \Rightarrow$$

새롬 아파트에는 756가구가 살고 있습니다. 이 아파트에 사는 모든 가구들이 전기 절약 운동에 참여하고 있습니다. 표를 보고 물음에 답해 보세요. [17~19]

전기 절약 방법	한 등 끄기	플러그 뽑기
한 가구에서 하루에 절약되는 전기 요금(원)	38	72

17 새롬 아파트에서 한 등 끄기로 하루에 절약되는 전기 요금은 얼마인가요?

18 새롬 아파트에서 플러그 뽑기로 하루에 절약되는 전기 요금은 얼마인가요?

19 새롬 아파트에서 하루에 절약되는 전기 요금은 모두 얼마인가요?

20 선생님께서 가영이네 반 학생 22명에게 450원짜리 지우개를 한 개씩 사 주셨습니다. 지우개를 사는 데 든 돈은 얼마인가요?

21 효근이는 207×41의 계산 결과를 다음과 같이 어림하였습니다. 효근이가 298×28을 어떤 방법으로 어림할지 써 보세요.

> 207은 200보다 크고, 41은 40보다 크므로 계산 결과는 8000보다 클거야.

_____

_____

_____

_____

22 빈칸에 알맞은 수를 써넣고 $160 \div 40$의 몫을 구해 보세요.

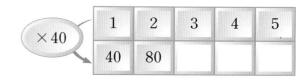

$$160 \div 40 = \boxed{}$$

23 계산해 보세요.

(1) $360 \div 40$ (2) $480 \div 80$

(3) $70 \overline{)560}$ (4) $90 \overline{)630}$

24 몫이 가장 작은 것부터 차례로 기호를 써 보세요.

> ㉠ $120 \div 20$ ㉡ $320 \div 80$
> ㉢ $250 \div 50$ ㉣ $490 \div 70$

25 계산을 하고 확인해 보세요.

$$90\overline{)450}$$

✏확인 _____

26 나눗셈의 몫으로 적절한 것을 찾아 선으로 이어 보세요.

| 425÷60 | • | • | 8 |
| 322÷40 | • | • | 7 |

27 나머지가 더 큰 것을 찾아 기호를 써 보세요.

㉠ 245÷30   ㉡ 287÷40

28 동민이는 236쪽인 동화책을 모두 읽으려고 합니다. 하루에 30쪽씩 읽으면 며칠 만에 모두 읽을 수 있나요?

식 _____

답 _____ 일

29 어림한 나눗셈의 몫으로 가장 적절한 것에 ○표 하세요.

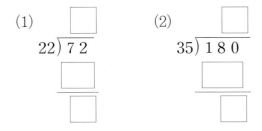
142÷19

(5   6   7   9   11   )

30 □ 안에 알맞은 수를 써넣으세요.

(1)
$$22\overline{)72}$$

(2)
$$35\overline{)180}$$

31 계산을 하고 확인해 보세요.

$$27\overline{)188}$$

✏확인 _____

32 나머지가 가장 큰 것부터 차례로 기호를 써 보세요.

㉠ 58÷13   ㉡ 123÷27   ㉢ 324÷45

33 귤 286개를 한 상자에 33개씩 포장하여 팔려고 합니다. 몇 상자까지 팔 수 있나요?

식 _____

답 _____ 상자

34 잘못 계산한 곳을 찾아 바르게 고쳐 보세요.

35 몫의 크기를 비교하여 ○ 안에 >, =, <를 알맞게 써넣으세요.

(1) 190÷26 ◯ 450÷50

(2) 729÷66 ◯ 342÷24

36 □ 안에 알맞은 수를 써넣으세요.

□÷17=8…12

37 학생 224명이 모두 한 줄에 25명씩 줄을 서려고 합니다. 25명씩인 줄은 모두 몇 줄이 되고, 마지막 줄에는 몇 명이 서게 되나요?

38 몫이 두 자리 수인 나눗셈을 모두 고르세요.

① 335÷40   ② 627÷62

③ 589÷71   ④ 710÷77

⑤ 532÷49

39 □ 안에 알맞은 식의 기호를 써넣으세요.

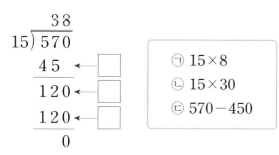

40 어떤 수를 21로 나누었더니 몫이 17이고, 나머지가 9였습니다. 어떤 수를 구하세요.

41 상연이네 학교 학생 405명이 케이블카를 타려고 합니다. 케이블카를 타기 위해 15명씩 모둠을 만들려고 합니다. 몇 모둠이 되는지 구해 보세요.

42 589÷37보다 몫이 10이 크고 나머지는 같은 나눗셈식이 되도록 □ 안에 알맞은 수를 써넣으세요.

$$\boxed{} \div 37$$

43 계산을 하고 확인해 보세요.

$$58\overline{)672}$$

확인 _____

44 몫이 가장 큰 것부터 차례로 기호를 써 보세요.

㉠ 624÷23
㉡ 830÷51
㉢ 528÷18

45 숫자 카드 5장을 □ 안에 모두 넣어 몫이 가장 큰 (세 자리 수)÷(두 자리 수)를 만들고 몫과 나머지를 구해 보세요.

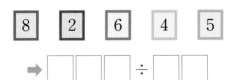

➡ $\boxed{}\boxed{}\boxed{} \div \boxed{}\boxed{}$

46 사과 393개를 한 상자에 15개씩 담아 팔려고 합니다. 사과를 몇 상자까지 팔 수 있나요?

47 규형이네 학교 학생 563명은 급식 시간에 귤을 한 개씩 받았습니다. 귤은 한 상자에 30개씩 들어 있고 상자 단위로만 살 수 있었다면 귤을 몇 상자 샀는지 구해 보세요.

48 사탕 208개를 한 봉지에 18개씩 나누어 담고 남은 사탕은 먹었습니다. 먹은 사탕은 몇 개인가요?

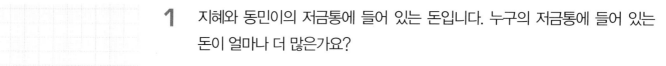

1 지혜와 동민이의 저금통에 들어 있는 돈입니다. 누구의 저금통에 들어 있는 돈이 얼마나 더 많은가요?

> 지혜: 500원짜리 동전 82개
> 동민: 100원짜리 동전 638개

2 ☐ 안에 알맞은 숫자를 써넣으세요.

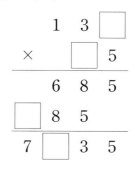

$$
\begin{array}{r}
1\ 3\ \boxed{} \\
\times\quad \boxed{}\ 5 \\
\hline
6\ 8\ 5 \\
\boxed{}\ 8\ 5 \\
\hline
7\ \boxed{}\ 3\ 5
\end{array}
$$

3 어떤 박물관의 단체 입장료는 어른 한 명에 950원, 어린이 한 명에 600원입니다. 단체로 간 어른 20명과 어린이 92명의 입장료는 모두 얼마인가요?

3월은 31일, 4월은 30일까지 있습니다.

4 진선이네 공장에서는 하루에 인형을 458개씩 만듭니다. 하루도 쉬지 않고 3월과 4월 두 달 동안 만든 인형은 모두 몇 개인가요?

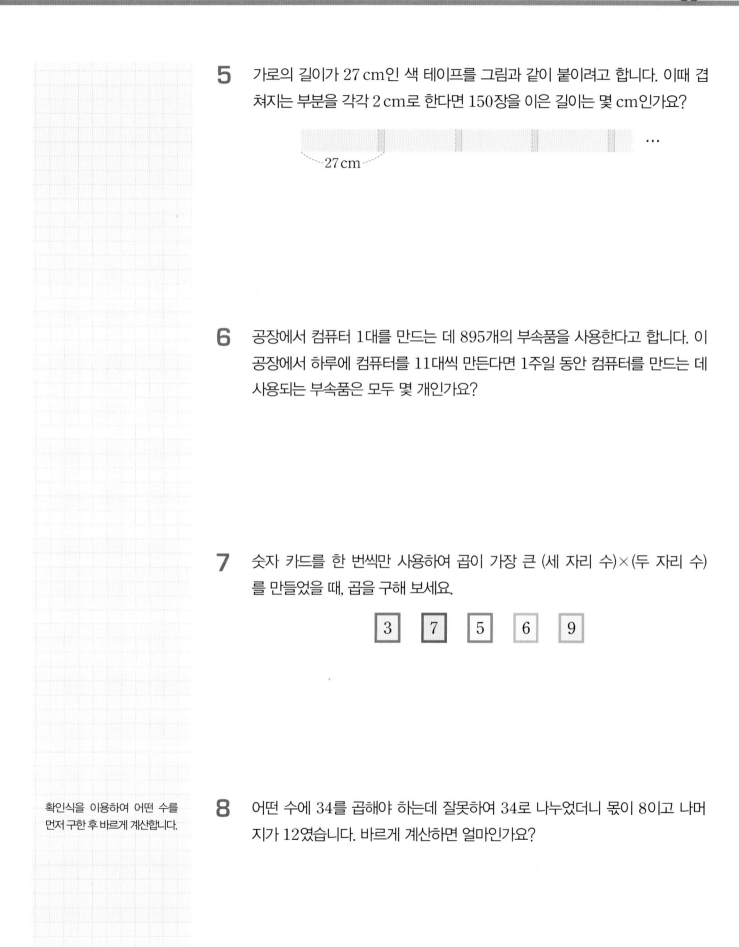

5 가로의 길이가 27 cm인 색 테이프를 그림과 같이 붙이려고 합니다. 이때 겹쳐지는 부분을 각각 2 cm로 한다면 150장을 이은 길이는 몇 cm인가요?

···27 cm···

6 공장에서 컴퓨터 1대를 만드는 데 895개의 부속품을 사용한다고 합니다. 이 공장에서 하루에 컴퓨터를 11대씩 만든다면 1주일 동안 컴퓨터를 만드는 데 사용되는 부속품은 모두 몇 개인가요?

7 숫자 카드를 한 번씩만 사용하여 곱이 가장 큰 (세 자리 수)×(두 자리 수)를 만들었을 때, 곱을 구해 보세요.

| 3 | 7 | 5 | 6 | 9 |

8 어떤 수에 34를 곱해야 하는데 잘못하여 34로 나누었더니 몫이 8이고 나머지가 12였습니다. 바르게 계산하면 얼마인가요?

확인식을 이용하여 어떤 수를 먼저 구한 후 바르게 계산합니다.

9 어떤 수를 14로 나누었을 때 나누어떨어지지 않을 경우 나올 수 있는 나머지를 모두 합하면 얼마인가요?

10 색종이 96장을 18명의 학생들에게 똑같이 나누어 주려고 하였더니 몇 장이 모자랐습니다. 색종이가 남지 않게 똑같이 나누어 주려면 적어도 몇 장의 색종이가 더 필요하나요?

11 1상자에 사과는 24개씩 담고, 배는 14개씩 담습니다. 사과 624개와 배 392개를 각각 상자에 담았다면, 어느 과일이 몇 상자 더 많은가요?

먼저 500을 38로 나누어 보고 이 나눗셈을 기준으로 답을 생각합니다.

12 500보다 작은 수이면서 38로 나누었을 때 나누어떨어지는 수 중 가장 큰 수는 무엇인가요?

나머지를 이용하여 가가 될 수 있는 가장 작은 수와 큰 수를 각각 구할 수 있습니다.

13 가가 될 수 있는 수 중 가장 작은 수와 가장 큰 수를 각각 구해 보세요.

$$가 \div 32 = 23 \cdots 나$$

14 동민이는 $765 \div 15$를 다음과 같이 계산하였습니다. 다시 계산하지 않고 바르게 몫을 구하는 방법을 설명한 것입니다. ☐ 안에 알맞은 수를 써넣으세요.

$$\begin{array}{r} 49 \\ 15\overline{)765} \\ 60 \\ \hline 165 \\ 135 \\ \hline 30 \end{array}$$

나머지 30이 15보다 크므로 몫은 더 나눌 수 있습니다.

$30 \div 15 = \boxed{}$ 이기 때문에

$765 \div 15$의 몫은 $49 + \boxed{} = \boxed{}$ 입니다.

나머지는 나누는 수보다 작아야 합니다.

15 ☐ 안에 들어갈 수 있는 수 중 가장 큰 수를 구해 보세요.

$$\boxed{} \div 33 = 25 \cdots \star$$

16 세 자리 수를 27로 나누었더니 몫이 두 자리 수이고, 나머지는 9가 되었습니다. ☐ 안에 알맞은 숫자를 써넣으세요.

$$52\boxed{} \div 27 = \boxed{}\,\boxed{} \cdots 9$$

01 □ 안에 들어갈 수 있는 네 자리 수는 모두 몇 개인가요?

$$61 \times 7 \times 6 < \boxed{} < 24 \times 108$$

02 곱셈식에서 ㉠~㉤에 알맞은 수를 찾아 ㉠+㉡+㉢+㉣+㉤의 값을 구해 보세요.

$$
\begin{array}{r}
7\ ㉠\ 8 \\
\times\qquad 2\ ㉡ \\
\hline
4\ 3\ ㉢\ 8 \\
1\ 4\ ㉣\ 6 \\
\hline
1\ 8\ ㉤\ 6\ 8
\end{array}
$$

03 어느 마트에서는 지역특산 상품으로 곶감을 판매하려고 합니다. 수확한 곶감 840개를 24개들이 17상자에 포장을 하고 남은 곶감은 36개들이 상자에 포장을 하려고 합니다. 36개 들이 상자는 모두 몇 개가 필요한가요?

04 5장의 숫자 카드 중 3장을 골라 조건 에 맞는 세 자리 수를 만들려고 합니다. 만들 수 있는 세 자리 수 중 가장 큰 수를 구해 보세요.

$\boxed{7}\ \boxed{2}\ \boxed{8}\ \boxed{9}\ \boxed{3}$

조건
만든 세 자리 수를 32로 나누면 몫은 28이 되고 나누어떨어지지 않아야 합니다.

3 단원

05 한솔이가 삼촌 댁에 가기 위해 25분 동안 걷고 나머지는 버스를 타고 갔더니 모두 2시간이 걸렸습니다. 1분 동안 75 m의 빠르기로 걷고, 1분 동안 760 m의 빠르기로 달리는 버스를 탔다면 한솔이가 이동한 거리는 몇 m인가요?

06 효근이는 방학 동안 92쪽인 동화책을 여러 권 읽었습니다. 매일 23쪽씩 읽었다면 방학 동안 읽은 동화책은 모두 몇 권인가요? (단, 방학은 40일입니다.)

07 $538 \div \square$의 몫이 한 자리 수일 때, $\square$ 안에 들어갈 수 있는 수 중에서 가장 작은 자연수는 얼마인가요?

㉠㉡㉢÷㉣㉤에서 몫이 한 자리 수가 되려면 ㉠㉡<㉣㉤이어야 합니다.

08 세 자리 수 중에서 26으로 나누었을 때 몫이 가장 크고 나머지가 8인 수를 구해 보세요.

세 자리 수 중 가장 큰 999를 26으로 나누어 봅니다.

09

32×8의 값이 들어갈 위치를 먼저 찾아봅니다.

☐ 안에 알맞은 숫자를 써넣으세요.

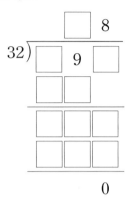

10

나눗셈의 몫이 7일 때, ☐ 안에 들어갈 수 있는 숫자를 모두 써 보세요.

$$2\square3 \div 38$$

11

조건을 모두 만족하는 어떤 수 중 두 번째로 큰 수를 구해 보세요.

- 어떤 수는 백의 자리 숫자가 5인 세 자리 수입니다.
- 어떤 수를 49로 나누었을 때 나머지가 11입니다.

12

세 자리 수 중에서 28로 나누었을 때 나머지가 5가 되는 수는 모두 몇 개인가요?

13 □ 안에 공통으로 들어갈 수 있는 자연수는 모두 몇 개인지 구해 보세요.

$$\square \times 23 > 524$$
$$16 \times \square < 486$$

14 유승이는 오늘부터 432쪽인 소설책을 하루에 25쪽씩 매일 읽으려고 합니다. 오늘이 7월 5일이라면 유승이가 소설책을 모두 다 읽는 날은 7월 며칠인가요?

15 숫자 카드를 한 번씩만 사용하여 세 자리 수를 만들었습니다. 이 수를 34로 나누었을 때, 몫이 16이고 나머지가 있는 세 자리 수는 모두 몇 개인가요?

$$6 \quad 5 \quad 3 \quad 7 \quad 9$$

16 길이가 540 m인 길의 양쪽에 20 m 간격으로 가로수를 심으려고 합니다. 길이 시작되는 곳부터 맨 끝까지 가로수를 심는다면 가로수는 모두 몇 그루를 심어야 하나요? (단, 가로수의 굵기는 생각하지 않습니다.)

한쪽 길에 심는 가로수의 수를 먼저 구합니다.

1 다음 두 수의 곱은 0이 모두 몇 개인가요?

> 600, 50

2 계산해 보세요.

(1) 613×30

(2) 294×25

3 계산을 하고 확인해 보세요.

$21 \overline{)465}$

✎확인

4 ○ 안에 >, =, <를 알맞게 써넣으세요.

(1) 30×800 ◯ 634×36

(2) 425×51 ◯ 715×29

5 가운데 ▨ 안의 수를 바깥 수로 나누어 큰 원의 빈 곳에 몫을 써넣고, 나머지는 ◌ 안에 써넣으세요.

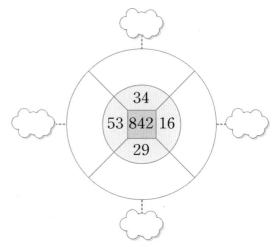

6 나머지가 가장 큰 것부터 차례로 기호를 써 보세요.

> ㉠ $620 \div 14$ ㉡ $372 \div 53$
> ㉢ $486 \div 23$ ㉣ $745 \div 41$

7 구슬이 375개 있습니다. 이것을 한 사람당 50개씩 나누어 주려고 합니다. 몇 명에게 나누어 줄 수 있고, 몇 개가 남을까요?

8 빈 곳에 알맞은 수를 써넣으세요.

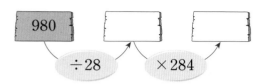

9 석기네 집에는 매일 우유가 배달되어 옵니다. 우유 한 통은 500 mL이고, 하루에 2통씩 배달되어 온다면 30일 동안 배달되어 온 우유의 양은 모두 몇 mL인가요?

10 5부터 9까지의 숫자를 한 번씩만 사용하여 몫이 가장 큰 (세 자리 수)÷(두 자리 수)를 만들었을 때, 몫을 구해 보세요.

11 어떤 자연수를 27로 나눌 때 나누어떨어지지 않을 경우 나올 수 있는 나머지 중에서 가장 큰 수는 얼마인가요?

12 어떤 수에 45를 곱해야 하는데 잘못하여 더했더니 585가 되었습니다. 바르게 계산한 값을 구해 보세요.

13 동네 서점에서는 행사 기간 동안 한 권에 9500원인 책을 할인해서 한 권에 8650원에 판다고 합니다. 행사 기간 동안 이 책을 35권 산다면, 행사 기간이 아닐 때보다 얼마나 싸게 살 수 있나요?

14 승연이는 한 개에 750원인 복숭아를 21개 사고 20000원을 냈습니다. 승연이는 거스름돈으로 얼마를 받아야 하나요?

15 ☐ 안에 알맞은 숫자를 써넣으세요.

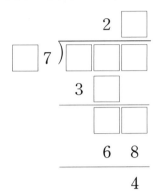

16 어느 날의 유럽 돈 1유로는 우리나라 돈으로 1755원이고, 미국 돈 1달러는 우리나라 돈으로 1180원입니다. 이날 50유로와 30달러를 우리나라 돈으로 모두 바꾸면 얼마인가요?

17 리본 한 개를 만드는 데 색 테이프가 16 cm 필요합니다. 436 cm의 색 테이프로 똑같은 리본을 최대 몇 개까지 만들 수 있나요?

18 지금 시각은 오전 7시입니다. 지금부터 285분 후의 시각은 오전 몇 시 몇 분인지 설명해 보세요.

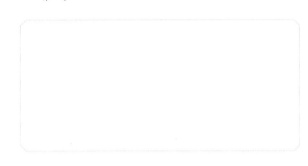

19 328에 어떤 수를 곱해야 하는데 잘못하여 328을 어떤 수로 나누었더니 몫이 23이고 나머지가 6이었습니다. 바르게 계산하면 얼마인지 설명해 보세요.

20 숫자 카드 ③, ⑤, ⑧, ② 중 서로 다른 3장을 뽑아 만들 수 있는 세 자리 수 중에서 53으로 나누었을 때 몫이 두 자리 수, 나머지가 한 자리 수가 되는 수는 모두 몇 개인지 설명해 보세요. (단, 나머지는 0이 아닙니다.)

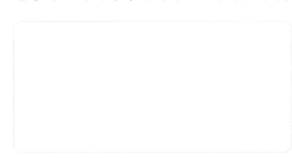

단원 **4** 평면도형의 이동

이번에 배울 내용

1 점의 이동 알아보기

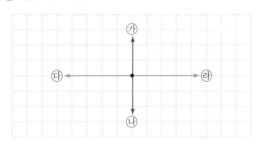

• 가로선과 세로선이 만나는 위치에 바둑돌을 놓습니다.

• 바둑돌을 위쪽으로 3칸 이동하면 ㉮의 위치에 놓입니다.

• 바둑돌을 아래쪽으로 3칸 이동하면 ㉯의 위치에 놓입니다.

• 바둑돌을 왼쪽으로 5칸 이동하면 ㉰의 위치에 놓입니다.

• 바둑돌을 오른쪽으로 5칸 이동하면 ㉱의 위치에 놓입니다.

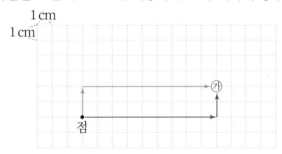

• 점을 ㉮로 이동하려면 오른쪽으로 9 cm, 위쪽으로 2 cm 이동해야 합니다.

• 점을 ㉮로 이동하려면 위쪽으로 2 cm, 오른쪽으로 9 cm 이동해야 합니다.

2 평면도형을 밀기

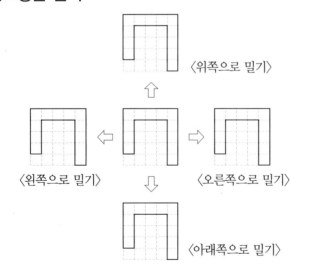

도형을 어느 방향으로 밀어도 도형의 모양은 변하지 않고 위치만 바뀝니다.

확인문제

① 점을 ㉮로 이동하려면 어느 쪽으로 몇 칸 이동해야 하는지 □ 안에 알맞은 말이나 수를 써넣으세요.

□ 쪽으로 □ 칸 이동해야 합니다.

② 개미가 처음 위치에서 ㉮로 이동한 후 ㉮에서 ㉯로 이동했습니다. □ 안에 알맞은 말이나 수를 써넣으세요.

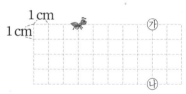

➡ 개미는 오른쪽으로 □ cm 이동한 후 아래쪽으로 □ cm 이동했으므로 이동한 거리는 모두 □ cm입니다.

③ 왼쪽 도형을 오른쪽으로 밀었을 때 생기는 모양을 보고 알맞은 말에 ○ 하세요.

도형을 오른쪽으로 밀었을 때 도형의 모양은 (변하지 않습니다, 변합니다).

④ 오른쪽 그림을 보고 알맞은 말을 써넣으세요.

도형을 아래쪽으로 밀어도 도형의 □ 은 변하지 않고 위치만 바뀝니다.

3 평면도형을 뒤집기

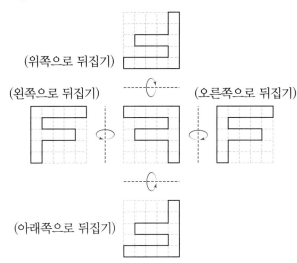

(위쪽으로 뒤집기)

(왼쪽으로 뒤집기) (오른쪽으로 뒤집기)

(아래쪽으로 뒤집기)

• 도형을 오른쪽이나 왼쪽으로 뒤집으면 도형의 오른쪽은 왼쪽으로, 왼쪽은 오른쪽으로 바뀝니다.
• 도형을 위쪽이나 아래쪽으로 뒤집으면 도형의 위쪽은 아래쪽으로, 아래쪽은 위쪽으로 바뀝니다.

4 평면도형을 돌리기

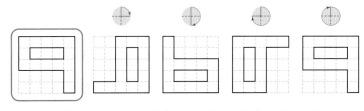

• 도형을 시계 방향으로 계속 돌리면 도형의 모양은 위쪽이 오른쪽 → 아래쪽 → 왼쪽 → 위쪽으로 바뀝니다.
• 도형을 시계 반대 방향으로 계속 돌리면 도형의 모양은 위쪽이 왼쪽 → 아래쪽 → 오른쪽 → 위쪽으로 바뀝니다.

5 무늬 꾸미기

모양과 색깔을 규칙적으로 배열하면 여러 가지 무늬를 만들 수 있습니다.

(1) 모양을 사용하여 무늬 만들기

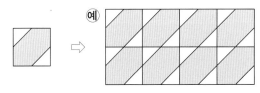

(2) 색을 사용하여 무늬 만들기

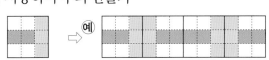

5 그림을 보고 알맞은 말에 ○ 하세요.

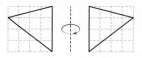

왼쪽 도형을 오른쪽으로 뒤집으면 도형의 모양은 왼쪽과 오른쪽이 서로 (바뀌지 않습니다, 바뀝니다).

6 다음 도형을 시계 방향으로 90°만큼 돌렸을 때의 모양에 ○표 하세요.

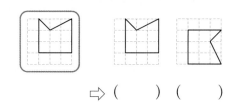

⇨ ( ) ( )

7 다음 도형을 아래쪽으로 뒤집은 후 시계 방향으로 180°만큼 돌리려고 합니다. 알맞은 모양에 ○ 하세요.

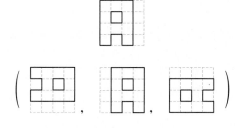

(, ,)

8 기본 도형으로 규칙을 정하여 무늬를 만들어 보세요.

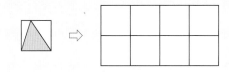

유형 1 점의 이동

점을 어떻게 이동했는지 설명하려고 합니다. ☐ 안에 알맞은 수나 말을 써넣으세요.

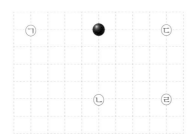

➡ 점을 ☐쪽으로 ☐ cm 이동했습니다.

1-1 바둑돌을 아래쪽으로 4칸 이동한 위치를 찾아 기호를 써 보세요.

1-2 공깃돌을 도착점으로 이동하려고 합니다. 어떻게 이동해야 하는지 ☐ 안에 알맞은 수나 말을 써넣으세요.

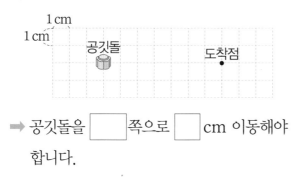

➡ 공깃돌을 ☐쪽으로 ☐ cm 이동해야 합니다.

1-3 쌓기나무를 오른쪽으로 6칸, 아래쪽으로 2칸만큼 이동했습니다. 이동한 쌓기나무의 위치에 ◯를 그려 보세요.

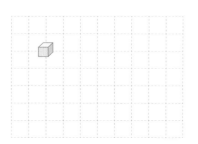

1-4 ★을 ㉠으로 이동하는 방법을 잘못 설명한 사람은 누구인가요?

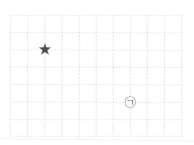

유승 : 오른쪽으로 5칸, 아래쪽으로 3칸 이동했어.

수빈 : 아래쪽으로 3칸, 오른쪽으로 5칸 이동했어.

은지 : 오른쪽으로 3칸, 아래쪽으로 5칸 이동했어.

1-5 다음과 같이 바둑판 모양의 길이 있습니다. ㉮에서 ㉯까지 가장 짧은 길로 가는 방법은 몇 가지인가요?

유형 2 평면도형을 밀기

왼쪽 도형을 오른쪽으로 밀었을 때 생기는 모양을 그려 보세요.

2-1 ☐ 안에 알맞은 말을 써넣으세요.

도형을 어느 방향으로 밀어도 도형의 ☐ 은 변하지 않고 도형의 ☐ 만 바뀝니다.

2-2 오른쪽 도형을 왼쪽으로 밀었을 때 생기는 모양을 그려 보세요.

2-3 주어진 도형을 오른쪽으로 5칸만큼 밀었을 때의 모양을 그려 보세요.

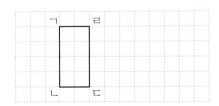

유형 3 평면도형을 뒤집기

위쪽 도형을 아래쪽으로 뒤집었을 때 생기는 모양의 나머지 부분을 그려 보세요.

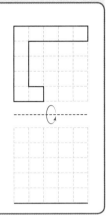

3-1 주어진 도형을 왼쪽으로 뒤집었을 때 생기는 모양은 어느 것입니까?

① ② ③

3-2 주어진 도형을 위쪽으로 뒤집었을 때 생기는 모양은 어느 것입니까?

① ② ③

3-3 왼쪽 도형을 오른쪽으로 뒤집었을 때 생기는 모양을 그려 보세요.

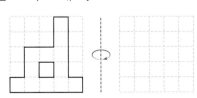

3-4 오른쪽 도형을 왼쪽으로 뒤집었을 때 생기는 모양을 그려 보세요.

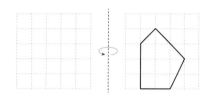

3-5 위쪽 도형을 아래쪽으로 뒤집었을 때 생기는 모양을 그려 보세요.

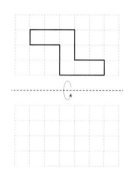

3-6 오른쪽, 위쪽, 위쪽, 아래쪽으로 뒤집었을 때 생기는 모양이 항상 뒤집기 전의 모양과 같아지는 것을 찾아 기호를 쓰세요.

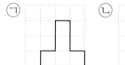

3-7 오른쪽 도형을 다음과 같은 방법으로 움직일 때, 모양이 다른 하나는 어느 것입니까?

① 위쪽으로 4번 뒤집기
② 위쪽으로 2번 뒤집기
③ 오른쪽으로 2번 뒤집기
④ 아래쪽으로 2번 뒤집기
⑤ 아래쪽으로 3번 뒤집기

유형 4 **평면도형을 돌리기**

왼쪽 도형을 시계 방향으로 90°만큼 돌렸을 때 생기는 모양을 그려 보세요.

4-1 모양 조각을 보고 물음에 답해 보세요.

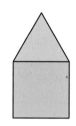

(1) 모양 조각을 시계 방향으로 90°만큼 돌린 모양을 그려 보세요.

(2) 모양 조각을 시계 방향으로 180°만큼 돌린 모양을 그려 보세요.

(3) ☐ 안에 알맞은 말을 써넣으세요.

모양 조각을 시계 방향으로 90°만큼 돌리면 위쪽 부분이 오른쪽으로 이동하고 시계 반대 방향으로 90°만큼 돌리면 위쪽 부분이 ☐으로 이동합니다.

4-2 왼쪽 도형을 시계 반대 방향으로 90°만큼 돌렸을 때 생기는 모양을 그려 보세요.

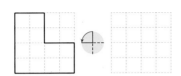

4-3 왼쪽 도형을 시계 방향으로 180°만큼 돌렸을 때 생기는 모양을 그려 보세요.

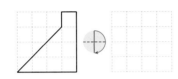

4-4 가운데 도형을 여러 방향으로 돌렸을 때 생기는 모양을 각각 그려 보세요.

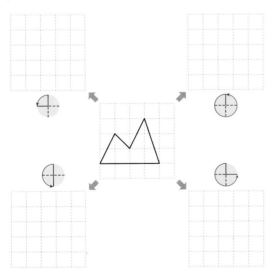

유형 5 **무늬 꾸미기**

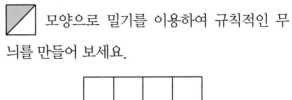 모양으로 밀기를 이용하여 규칙적인 무늬를 만들어 보세요.

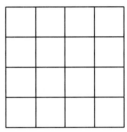

5-1 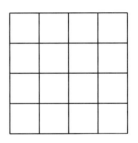 모양으로 뒤집기를 이용하여 규칙적인 무늬를 만들어 보세요.

5-2 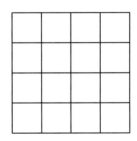 모양으로 돌리기를 이용하여 규칙적인 무늬를 만들어 보세요.

5-3 다음 무늬에서 기본 도형을 찾아보세요.

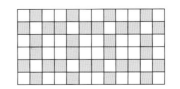 ⇨

1 현재 바둑돌이 놓인 위치에서 바둑돌을 이동 했습니다. 설명에 알맞게 이동한 곳을 찾아 기호를 써 보세요.

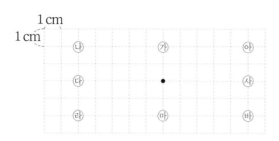

(1) 오른쪽으로 5 cm 이동 ➡ (   )

(2) 위쪽으로 2 cm 이동 ➡ (   )

(3) 왼쪽으로 5 cm 이동하고 아래쪽으로 2 cm 이동 ➡ (   )

(4) 아래쪽으로 2 cm 이동하고 오른쪽으로 5 cm 이동 ➡ (   )

2 개미가 아래로 점 ㉠까지 이동한 후 오른쪽 으로 점 ㉡까지 이동했습니다. 개미가 이동 한 거리는 모두 몇 cm인가요?

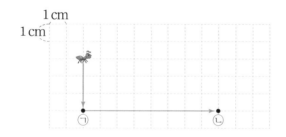

3 별(★)의 위치에서 오른쪽으로 4칸, 위쪽으 로 2칸, 왼쪽으로 3칸을 이동한 위치에 있는 기호를 써 보세요.

4 점을 ▲의 위치로부터 ▲의 위치까지 움직이 려고 합니다. 알맞은 수나 말에 각각 ○ 하 세요.

① 점을 (위쪽, 아래쪽)으로 (3, 5)칸 움직여요.

② 그다음 (왼쪽, 오른쪽)으로 (3, 5)칸 움직여요.

5 검은 바둑돌의 위치로부터 위쪽으로 2 cm, 왼쪽으로 5 cm 움직인 위치에 흰 바둑돌을 놓으면 흰 바둑돌의 위치로부터 ★의 위치까 지 갈 때 어떻게 움직여야 하는지 설명해 보 세요.

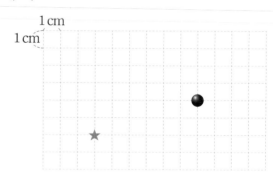

6 4칸을 움직여 ㉮의 위치에서 ㉯의 위치로 가는 방법은 모두 몇 가지인가요?

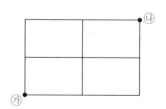

7 도형을 여러 방향으로 밀었을 때 생기는 모양을 그려 보세요.

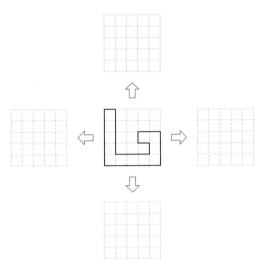

8 설명 중 옳지 <u>않은</u> 것을 찾아 기호를 써 보세요.

> ㉠ 도형을 왼쪽으로 밀면 모양은 변하지 않습니다.
> ㉡ 도형을 위쪽으로 밀면 위쪽과 아래쪽의 모양이 바뀝니다.
> ㉢ 도형을 오른쪽으로 밀면 처음 도형의 모양과 같습니다.

9 가운데 도형을 왼쪽과 오른쪽으로 뒤집었을 때 생기는 도형을 각각 그려 보세요.

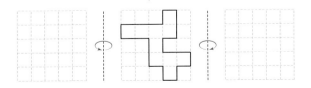

10 주어진 도형을 왼쪽과 오른쪽으로 뒤집은 도형을 각각 그려 보세요.

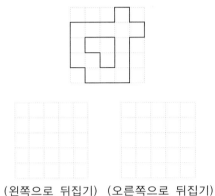

(왼쪽으로 뒤집기) (오른쪽으로 뒤집기)

11 오른쪽 모양은 왼쪽 도형을 움직여 생긴 모양입니다. 바르게 설명한 것은 어느 것인가요?

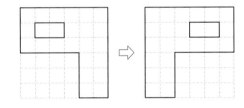

① 왼쪽 도형을 위쪽으로 밀어서 생긴 모양입니다.
② 왼쪽 도형을 위쪽으로 뒤집은 모양입니다.
③ 왼쪽 도형을 왼쪽으로 2번 뒤집은 모양입니다.
④ 왼쪽 도형을 오른쪽으로 3번 뒤집은 모양입니다.
⑤ 왼쪽 도형을 아래쪽으로 뒤집은 후 오른쪽으로 뒤집은 모양입니다.

12 주어진 도형을 오른쪽으로 5번 뒤집었을 때의 모양을 그려 보세요.

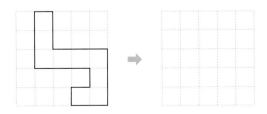

13 주어진 도형을 오른쪽으로 4번 뒤집었을 때의 모양을 그려 보세요.

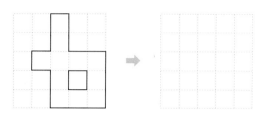

14 주어진 도형을 아래쪽으로 뒤집었을 때의 모양을 그려 보세요.

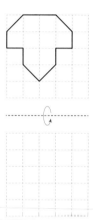

15 주어진 도형을 위쪽으로 뒤집었을 때의 모양을 그려 보세요.

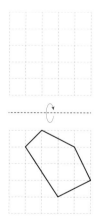

16 어떤 도형을 위쪽으로 민 후 왼쪽으로 뒤집었더니 오른쪽 모양이 되었습니다. 처음 도형을 그려 보세요.

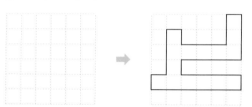

도형을 보고 물음에 답해 보세요. [17~18]

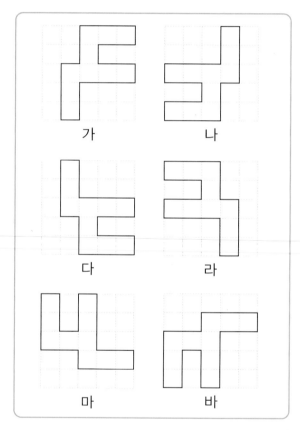

가   나

다   라

마   바

17 도형 가를 아래쪽으로 뒤집었을 때의 모양을 찾아 기호를 써 보세요.

18 도형 가는 어떤 도형을 오른쪽으로 뒤집었을 때의 모양입니다. 어떤 도형을 찾아 기호를 써 보세요.

19 주어진 도형을 오른쪽으로 뒤집은 다음, 위쪽으로 뒤집었을 때의 모양을 각각 그려 보세요.

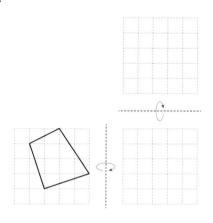

20 주어진 도형을 왼쪽으로 뒤집은 다음, 아래쪽으로 뒤집었을 때의 모양을 각각 그려 보세요.

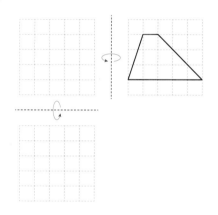

21 모양 조각을 시계 방향으로 90°만큼 돌렸을 때의 모양으로 옳은 것을 찾아 기호를 써 보세요.

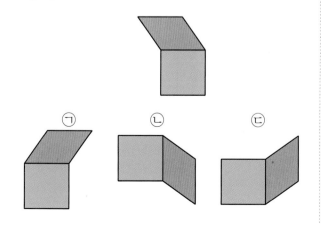

주어진 도형을 보고 물음에 답해 보세요.
[22~25]

22 주어진 도형을 시계 방향으로 90°만큼 돌렸을 때의 모양을 그려 보세요.

23 주어진 도형을 시계 방향으로 180°만큼 돌렸을 때의 모양을 그려 보세요.

24 주어진 도형을 시계 방향으로 270°만큼 돌렸을 때의 모양을 그려 보세요.

25 주어진 도형을 시계 방향으로 360°만큼 돌렸을 때의 모양을 그려 보세요.

26 오른쪽 그림은 왼쪽 그림을 어느 방향으로 돌린 것인지 ⊕에 화살표로 나타내세요.

27 도형을 움직였을 때 항상 처음 도형이 되는 것을 찾아 기호를 써 보세요.

> ⊙ 위쪽으로 3번 뒤집기
> ⓒ 오른쪽으로 2번 뒤집기
> ⓒ 시계 방향으로 90°만큼 2번 돌리기
> ② 시계 반대 방향으로 90°만큼 3번 돌리기

28 주어진 도형을 시계 반대 방향으로 90°만큼 2번 돌린 도형을 그려 보세요.

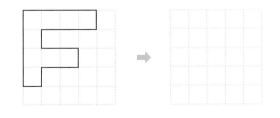

29 주어진 도형을 시계 반대 방향으로 90°만큼 8번 돌린 도형을 그려 보세요.

30 왼쪽 도형을 한 번 돌리기 하였더니 오른쪽 과 같은 모양이 되었습니다. 어떻게 돌리기 한 것인가요?

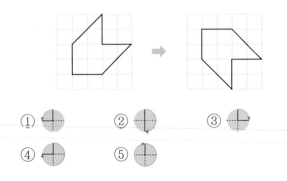

31 주어진 도형을 시계 방향으로 90°만큼 돌린 다음, 다시 시계 방향으로 270°만큼 돌린 모양을 그려 보세요.

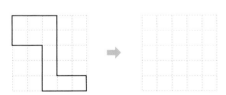

32 모양 조각을 아래쪽으로 뒤집은 뒤 시계 방향으로 90°만큼 돌렸을 때의 모양을 찾아 기호를 써 보세요.

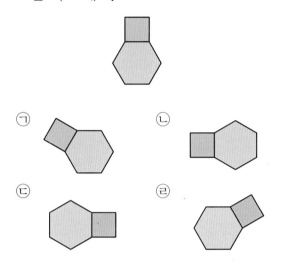

33 주어진 도형을 오른쪽으로 뒤집은 다음, 시계 반대 방향으로 180°만큼 돌렸을 때의 모양을 각각 그려 보세요.

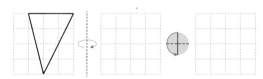

34 주어진 도형을 시계 방향으로 90°만큼 돌린 다음, 위쪽으로 뒤집었을 때의 모양을 각각 그려 보세요.

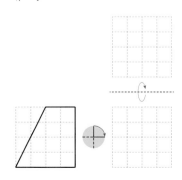

35 주어진 도형을 시계 반대 방향으로 90°만큼 돌린 다음, 아래쪽으로 뒤집었을 때의 모양을 각각 그려 보세요.

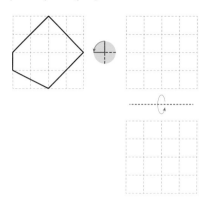

36 주어진 도형을 위쪽으로 2번 뒤집은 뒤 시계 방향으로 180°만큼 2번 돌린 모양을 그려 보세요.

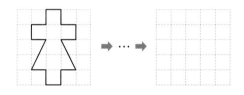

37 다음 알파벳 대문자 중 왼쪽으로 뒤집은 뒤 시계 방향으로 180°만큼 돌렸을 때의 모양이 처음과 같아지는 것을 모두 찾아 보세요.

1 개미가 ㉮의 위치에서 출발하여 오른쪽으로 8 cm, 위쪽으로 4 cm, 왼쪽으로 5 cm 이동하였습니다. 이동한 위치에서 개미가 처음 출발한 ㉮ 지점까지 가려면 최소한 몇 cm를 가야 하는지 구해 보세요.

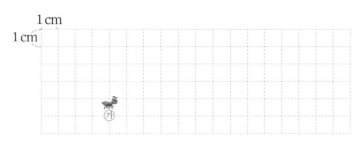

• 왕수학 실력편 4-1

2 유승이는 다음 그림과 같이 바둑판 모양의 길을 따라 집에서부터 학교까지 가려고 합니다. 집에서부터 학교까지 가장 짧은 거리로 가는 방법은 모두 몇 가지인가요?

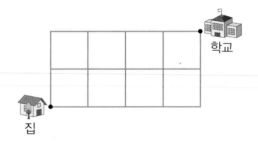

3 오른쪽 도형을 다음과 같은 방법으로 움직였을 때 처음 도형과 모양이 같아지는 것을 모두 고르세요.

① 왼쪽으로 2번 뒤집기

② 위쪽으로 1번 뒤집기

③ 오른쪽으로 3번 뒤집기

④ 시계 방향으로 180°만큼 2번 돌리기

⑤ 시계 반대 방향으로 90°만큼 3번 돌리기

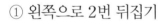

오른쪽이나 왼쪽으로 뒤집으면 도형의 왼쪽과 오른쪽의 위치가 서로 바뀝니다.

4 주어진 수와 이 수를 오른쪽으로 뒤집었을 때 생기는 수의 차를 구해 보세요.

5 어떤 도형을 시계 방향으로 270°만큼 2번 돌렸을 때와 같은 모양이 나오는 것을 찾아 기호를 써 보세요.

㉠ 시계 방향으로 90°만큼 3번 돌렸을 때의 모양

㉡ 시계 반대 방향으로 180°만큼 2번 돌렸을 때의 모양

㉢ 시계 반대 방향으로 90°만큼 2번 돌렸을 때의 모양

6 주어진 도형을 시계 반대 방향으로 90°만큼 돌렸을 때의 모양과 시계 방향으로 180°만큼 돌렸을 때의 모양을 각각 그려 보세요.

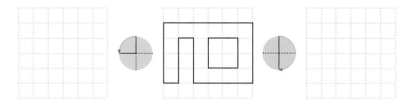

7 왼쪽 도형을 한 번 돌리기 하였더니 오른쪽 도형이 되었습니다. 어떻게 돌리기 한 것인가요?

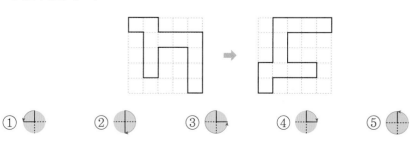

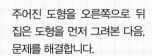

주어진 도형을 오른쪽으로 뒤집은 도형을 먼저 그려본 다음, 문제를 해결합니다.

8 주어진 도형을 오른쪽으로 뒤집은 다음, 다시 아래쪽으로 뒤집은 도형을 그려 보세요.

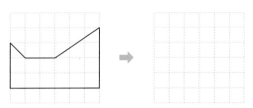

9 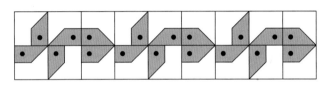 조각으로 다음 무늬를 만들었습니다. 모양을 돌리기 하여 만든 모양은 모두 몇 개인가요?

10 주어진 도형은 어떤 도형을 시계 방향으로 270°만큼 돌린 것입니다. 어떤 도형을 그려 보세요.

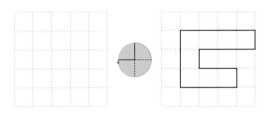

11 주어진 도형을 오른쪽으로 뒤집은 후 시계 반대 방향으로 180°만큼 돌린 도형을 그려 보세요.

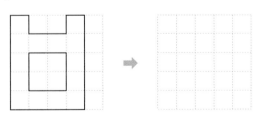

12 주어진 도형을 아래쪽으로 뒤집은 후 시계 반대 방향으로 270°만큼 돌린 도형을 그려 보세요.

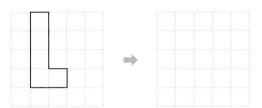

4
단원

13 주어진 수를 다음과 같이 움직였을 때 만들어지는 수와 처음 수와의 차를 구해 보세요.

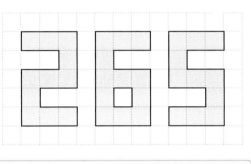

아래로 뒤집기 ➡ 오른쪽으로 뒤집기

뒤집고 돌리거나 돌리고 뒤집는 등 여러 가지 이동 방법이 있습니다.

14 오른쪽 도형은 왼쪽 도형을 뒤집기, 돌리기 해서 만든 모양입니다. 어떻게 뒤집고 돌리기 한 것인지 설명해 보세요.

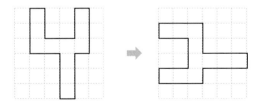

서술형
15 왼쪽 도형을 한 번 돌렸더니 오른쪽 도형이 되었습니다. 어떻게 돌렸는지 2가지 방법으로 설명해 보세요.

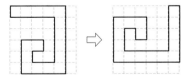

방법 ❶

방법 ❷

01

오른쪽 그림과 같이 바둑판 모양의 길이 있습니다. 점 ㉮를 출발하여 점 ㉯를 지나 점 ㉰에 도착하려고 할 때 가장 짧은 길로 가는 방법은 몇 가지인지 구해 보세요.

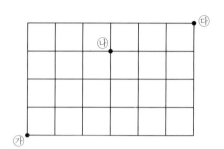

02

거북이는 바둑판 모양의 길을 따라 점 ㉮를 출발하여 점 ㉯에 도착하려고 합니다. 6 m를 움직여 점 ㉯에 도착하려고 할 때, 가는 방법은 모두 몇 가지인가요?

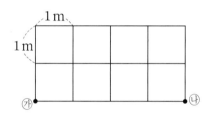

03

서술형

왼쪽 도형을 뒤집기와 돌리기를 몇 번 하였더니 오른쪽 도형과 같이 되었습니다. 뒤집기와 돌리기를 어떻게 하였는지 서로 다른 2가지 방법으로 설명해 보세요.

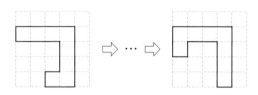

방법 ❶

방법 ❷

04 주어진 도형을 오른쪽으로 3번 뒤집은 뒤 시계 방향으로 180°만큼 돌렸을 때의 모양을 그려 보세요.

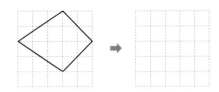

05 주어진 도형을 시계 방향으로 180°만큼 5번 돌린 뒤 위쪽으로 5번 뒤집었을 때의 모양을 그려 보세요.

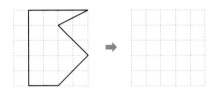

06 보기의 규칙대로 글자를 움직여 빈칸에 알맞게 그려 보세요.

먼저 보기 에서 어떻게 움직였는지 규칙을 찾아봅니다.

보기

방 뱡

학 □ □

07 다음 숫자 카드를 한 번씩 사용하여 가장 작은 세 자리 수를 만들었습니다. 그 수를 시계 방향으로 180° 돌렸을 때 생기는 수를 ㉠, 위로 뒤집기 하여 나온 수를 ㉡이라고 할 때, ㉠과 ㉡의 차를 구해 보세요.

08 **보기**는 왼쪽 도형을 뒤집기와 돌리기를 한 번씩 하여 오른쪽에 그린 것입니다. 주어진 도형을 **보기**와 같이 움직였을 때 생기는 모양을 그려 보세요.

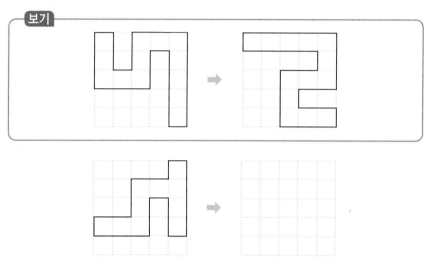

09 한솔이네 집 탁자 위에 놓인 디지털 탁상시계의 오른쪽에는 거울이 있습니다. 한솔이가 외출을 나가기 전 거울을 통해 시계를 보니 `21:51` 이었고 집에 돌아와서 거울을 통해 본 시계는 `82:31` 이었습니다. 한솔이의 외출한 시간은 몇 분인지 구해 보세요.

10 어떤 도형을 시계 방향으로 270°만큼 돌린 후 오른쪽으로 뒤집었더니 오른쪽과 같은 모양이 되었습니다. 어떤 도형을 그려 보세요.

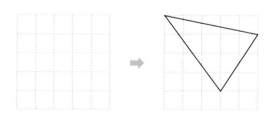

11

도형을 일정한 규칙에 따라 움직였습니다. 130째 번까지 움직였을 때 셋째 모양은 모두 몇 개 나오게 되는지 구해 보세요.

첫째　　둘째　　셋째　　넷째　　다섯째

12

시계 반대 방향으로 270°만큼 돌린 것은 시계 방향으로 90°만큼 돌린 것과 모양이 같습니다.

어떤 도형을 시계 반대 방향으로 270°만큼 2번 돌린 후 아래쪽으로 뒤집었더니 오른쪽과 같은 모양이 되었습니다. 어떤 도형을 그려 보세요.

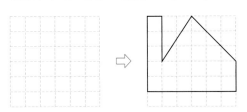

4
단원

13

주어진 펜토미노 조각의 밀기, 뒤집기, 돌리기를 이용하여 보기 와 같이 사각형을 만들어 보세요.

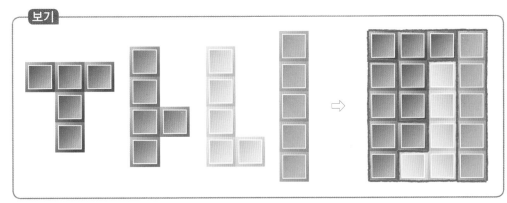

보기

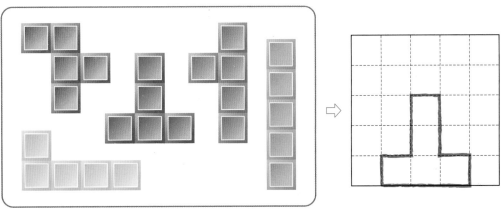

1 유승이가 말한 방법으로 이동한 곳에 ◯를 그려 보세요.

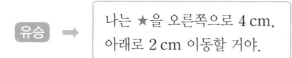

유승 ➡ 나는 ★을 오른쪽으로 4 cm, 아래로 2 cm 이동할 거야.

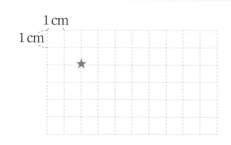

2 도형을 여러 방향으로 밀거나 뒤집어도 항상 모양이 같은 것은 어느 것인가요?

3 주어진 도형을 오른쪽으로 뒤집었을 때의 모양을 그려 보세요.

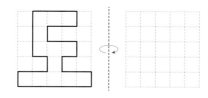

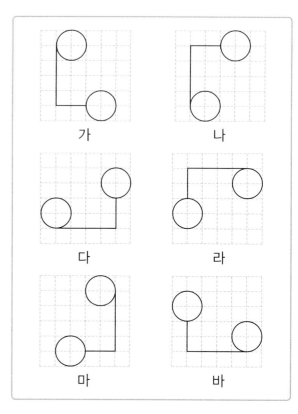

도형을 보고 물음에 답해 보세요. [4~7]

가   나
다   라
마   바

4 도형 가를 아래쪽 또는 위쪽으로 뒤집기를 하였을 때 생기는 모양을 찾아 기호를 써 보세요.

5 도형 다를 오른쪽 또는 왼쪽으로 뒤집기를 하였을 때 생기는 모양을 찾아 기호를 써 보세요.

6 도형 라를 여러 방향으로 돌리기를 하였을 때 생길 수 있는 모양을 모두 찾아 기호를 써 보세요. (단, 라 도형은 제외합니다.)

7 도형 마를 오른쪽으로 뒤집기 한 후 시계 방향으로 270°만큼 돌렸을 때 생기는 모양을 찾아 기호를 써 보세요.

8 주어진 도형을 왼쪽으로 뒤집었을 때의 모양을 그려 보세요.

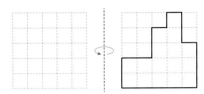

9 주어진 도형을 아래쪽으로 뒤집은 다음, 다시 오른쪽으로 뒤집었을 때의 모양을 각각 그려 보세요.

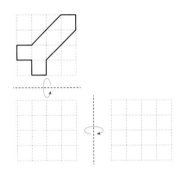

10 주어진 도형을 시계 방향으로 90°만큼 돌렸을 때의 모양을 그려 보세요.

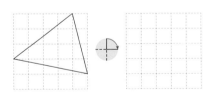

11 주어진 도형을 시계 반대 방향으로 90°만큼 돌렸을 때의 모양을 그려 보세요.

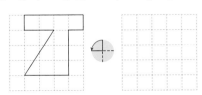

12 주어진 도형을 시계 방향으로 180°만큼 돌렸을 때의 모양을 그려 보세요.

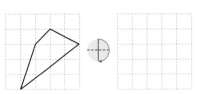

13 주어진 도형을 오른쪽으로 뒤집은 다음, 시계 방향으로 90°만큼 돌렸을 때의 모양을 각각 그려 보세요.

14 주어진 도형을 시계 방향으로 270°만큼 돌린 다음, 아래쪽으로 뒤집었을 때의 모양을 각각 그려 보세요.

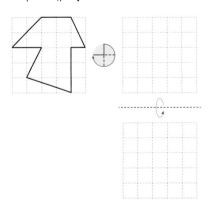

15 주어진 도형을 시계 반대 방향으로 180°만큼 돌린 다음, 위쪽으로 뒤집었을 때의 모양을 각각 그려 보세요.

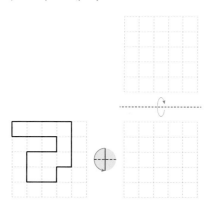

주어진 도형을 지시대로 움직였을 때 생기는 모양을 그려 보세요. [16~17]

16

위쪽으로 뒤집은 후 시계 반대 방향으로 90°만큼 2번 돌리기

17

시계 방향으로 180°만큼 돌린 후 왼쪽으로 3번 뒤집기

18 소현이는 당근으로 도장을 만들려고 합니다. 도장을 찍었을 때 이름이 나오려면 당근에 어떻게 새겨야 하는지 그려 보고, 그렇게 그려야 하는 이유를 설명해 보세요.

19 규칙을 찾아 빈칸에 알맞은 모양을 그려 넣고, 규칙을 설명해 보세요.

20 오른쪽 도형은 왼쪽 도형을 뒤집기, 돌리기를 하여 만든 것입니다. 어떻게 뒤집기, 돌리기 한 것인지 설명해 보세요.

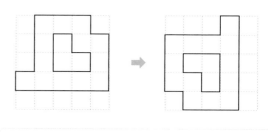

단원 5 막대그래프

이번에 배울 내용

1 막대그래프 알아보기

2 막대그래프의 내용 알아보기

3 막대그래프 그리기

4 막대그래프의 쓰임새 알아보기

1 막대그래프 알아보기

(1) 막대그래프 알아보기

조사한 자료를 막대 모양으로 나타낸 그래프를 막대그래프라고 합니다.

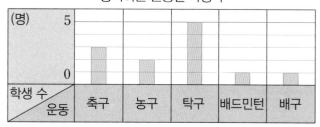

좋아하는 운동별 학생 수

그래프의 가로와 세로를 바꾸어 막대를 가로로 나타내기도 합니다.

(2) 표, 그림그래프, 막대그래프의 비교

표	각 항목별로 조사한 수와 합계를 알기 쉽습니다.
그림그래프	수의 크기를 실물 모양의 그림으로 나타내므로 의미를 쉽게 알 수 있고, 시각적인 게시 효과가 있습니다.
막대그래프	수의 크기를 막대의 길이로 나타내므로 항목별 조사한 수량의 많고 적음을 한눈에 파악하기 쉽습니다.

2 막대그래프의 내용 알아보기

석기네 반 학생들이 좋아하는 음식을 조사하여 나타낸 막대그래프입니다.

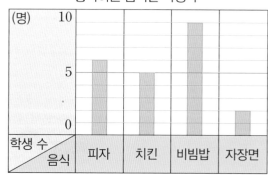

좋아하는 음식별 학생 수

• 위 막대그래프에서 가로는 음식을, 세로는 학생 수를 각각 나타냅니다. 막대의 길이는 해당 음식을 좋아하는 학생 수를 나타냅니다.

• 석기네 반 학생들이 좋아하는 음식은 모두 4가지입니다.

확인문제

① □ 안에 알맞은 말을 써넣으세요.

조사한 자료를 막대 모양으로 나타낸 그래프를 [   ]라고 합니다.

② 항목별 많고 적음을 한눈에 파악하기 쉬운 것은 표와 막대그래프 중 어느 것인가요?

③ 한초네 반 학생들이 크리스마스에 받고 싶은 선물을 조사하여 나타낸 막대그래프입니다. 가로와 세로는 각각 무엇을 나타내나요?

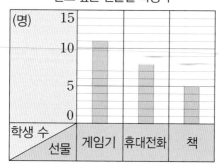

받고 싶은 선물별 학생 수

④ 위 ③의 막대그래프를 보고 가장 많은 학생이 받고 싶어 하는 선물을 찾아 써 보세요.

⑤ 위 ③의 막대그래프를 볼 때 휴대전화를 받고 싶은 학생은 책을 받고 싶은 학생보다 몇 명 더 많은가요?

- 피자를 좋아하는 학생은 6명입니다.
- 학생들이 가장 많이 좋아하는 음식부터 차례로 쓰면 비빔밥, 피자, 치킨, 자장면입니다.
- 피자를 좋아하는 학생 수는 자장면을 좋아하는 학생 수의 6÷2＝3(배)입니다.

3 막대그래프 그리기

① 가로와 세로에 무엇을 나타낼지 정합니다.
② 조사한 수 중에서 가장 큰 수까지 나타낼 수 있도록 세로 눈금의 칸 수를 정합니다.
③ 조사한 수에 맞도록 막대를 그립니다.
④ 그린 막대그래프에 알맞은 제목을 붙입니다.

좋아하는 과목별 학생 수

과목	미술	체육	수학	합계
학생 수(명)	3	5	4	12

좋아하는 과목별 학생 수

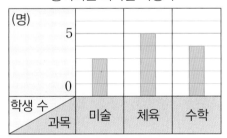

① 가로: 과목, 세로: 학생 수
② 세로 눈금 한 칸의 크기: 1명
   최소 세로 눈금의 칸 수: 5칸
③ 막대 그리기
④ 제목: 좋아하는 과목별 학생 수

4 막대그래프의 쓰임새 알아보기

막대그래프를 이용한 예를 실생활 속에서 찾을 수 있습니다. 올림픽에서 각국이 획득한 메달 수, 우리나라의 남녀별 나이대별 인구수, 지역별 강수량, 학생 모둠의 줄넘기 기록 등 실생활 속에서 나타나는 자료를 바탕으로 막대그래프를 작성하고, 작성된 막대그래프를 분석하거나 이해하는 능력을 기를 수 있습니다.

확인문제

6 웅이네 모둠 학생들이 좋아하는 색깔을 조사하여 나타낸 표를 보고 막대그래프를 그리려고 합니다. 물음에 답해 보세요.

좋아하는 색깔별 학생 수

색깔	빨강	노랑	초록	합계
학생 수(명)	6	3	1	10

(1) 웅이네 모둠 학생들이 좋아하는 색깔은 몇 종류인가요?

(2) 웅이네 모둠 학생 중 가장 많은 학생이 좋아하는 색깔은 무엇이고, 몇 명인가요?

(3) 눈금 한 칸이 1명을 나타낼 때 학생 수를 나타내는 칸은 적어도 몇 칸까지 나타내야 할까요?

(4) 표를 보고 막대그래프를 완성해 보세요.

좋아하는 색깔별 학생 수

7 표와 비교하여 막대그래프로 나타내었을 때의 좋은 점을 써 보세요.

step 2 기본 유형익히기

유형 1 막대그래프 알아보기

예슬이네 모둠 학생들이 좋아하는 과일을 조사하여 나타낸 막대그래프입니다. 물음에 답해 보세요.

좋아하는 과일별 학생 수

(1) 막대의 길이는 무엇을 나타내나요?

(2) 세로 눈금 한 칸은 몇 명을 나타내나요?

1-1 학생들이 사는 아파트를 조사하여 나타낸 표입니다. 물음에 답해 보세요.

아파트별 학생 수

아파트	호수	초원	은빛	숲속	합계
학생 수(명)	6	2	4	9	21

(1) 모두 몇 명의 학생들을 조사하였나요?

(2) 숲속 아파트에 사는 학생 수와 초원 아파트에 사는 학생 수의 차는 몇 명인가요?

1-2 위 **1-1**의 표를 보고 그래프로 나타내었습니다. 물음에 답해 보세요.

아파트별 학생 수

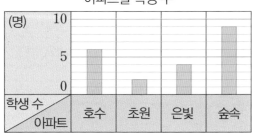

(1) 가로는 무엇을 나타내나요?

(2) 세로는 무엇을 나타내나요?

(3) 이와 같은 그래프를 무슨 그래프라고 하나요?

(4) 주어진 표와 막대그래프의 공통점은 무엇인가요?

1-3 학생들이 좋아하는 체육 활동을 조사한 결과입니다. 표와 막대그래프를 보고 물음에 답해 보세요.

좋아하는 체육 활동

체육 활동	피구	축구	야구	철봉	합계
학생 수(명)	9	5	7	3	24

좋아하는 체육 활동

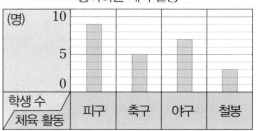

(1) 전체 학생 수를 알아보려면 어느 자료가 더 편리한가요?

(2) 가장 많은 학생이 좋아하는 체육 활동을 알아보려면 어느 자료가 더 편리한가요?

유형 2 · 막대그래프의 내용 알아보기

신영이네 반 학생들이 좋아하는 야생 동물을 조사하여 나타낸 막대그래프입니다. 가장 많은 학생이 좋아하는 야생 동물은 무엇인가요?

좋아하는 야생 동물별 학생 수

2-1 석기네 반 학생들이 가장 존경하는 위인을 조사하여 나타낸 막대그래프입니다. 물음에 답해 보세요.

존경하는 위인별 학생 수

(1) 가로와 세로는 각각 무엇을 나타내나요?

(2) 가장 많은 학생이 존경하는 위인은 누구인가요?

(3) 가장 적은 학생이 존경하는 위인은 누구인가요?

(4) 이순신을 존경하는 학생보다 더 많은 학생들이 존경하는 위인은 어느 위인인지 모두 찾아 써 보세요.

2-2 반별로 우유를 먹는 학생 수를 조사하여 나타낸 막대그래프입니다. 물음에 답해 보세요.

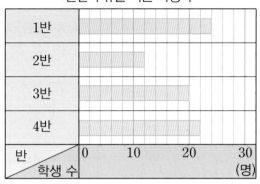

반별 우유를 먹는 학생 수

(1) 우유를 먹는 학생 수가 가장 많은 반부터 차례로 써 보세요.

(2) 우유를 먹는 반별 학생 수의 차가 가장 큰 경우 그 차는 몇 명인가요?

(3) 우유를 먹는 학생들에게 연필을 2자루씩 나누어 주려고 합니다. 4반은 연필이 모두 몇 자루 필요한가요?

(4) 막대그래프를 보고 각 반의 전체 학생 수를 알 수 있습니까? 알 수 없다면 이유를 써 보세요.

2-3 학생들이 기르고 싶어 하는 동물을 조사하여 나타낸 표와 막대그래프입니다. 물음에 답해 보세요.

기르고 싶어 하는 동물별 학생 수

동물	고양이	강아지	금붕어	햄스터	합계
학생 수(명)	14	26	28	20	88

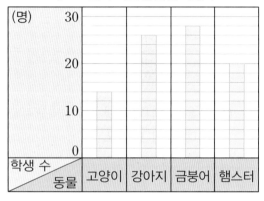

기르고 싶어 하는 동물별 학생 수

(1) 막대의 길이는 무엇을 나타내나요?

(2) 가장 많은 학생이 기르고 싶어 하는 동물을 써 보세요.

2-4 학생들이 좋아하는 과목을 조사하여 나타낸 막대그래프입니다. 가장 많은 학생이 좋아하는 과목은 무엇이고, 몇 명인가요?

좋아하는 과목별 학생 수

2-5 농장별 고추 생산량을 조사하여 나타낸 막대그래프입니다. 물음에 답해 보세요.

농장별 고추 생산량

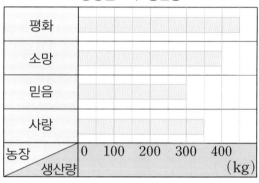

(1) 막대그래프에서 가로와 세로가 나타내는 것은 무엇인지 각각 써 보세요.

(2) 고추 생산량이 가장 많은 농장부터 차례로 써 보세요.

2-6 마을별 학생 수를 조사하여 나타낸 막대그래프입니다. 물음에 답해 보세요.

마을별 학생 수

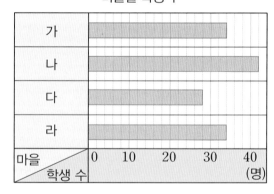

(1) 마을별로 학생 수를 각각 구해 보세요.

(2) 조사한 학생은 모두 몇 명인가요?

유형 3 막대그래프 그리기

학생들이 좋아하는 간식을 조사하여 나타낸 표입니다. 표를 보고 막대그래프를 그려 보세요.

좋아하는 간식별 학생 수

간식	라면	튀김	과자	과일	합계
학생 수(명)	11	10	5	6	32

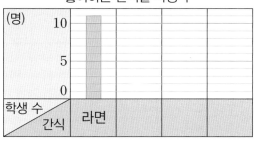

3-1 학생들이 태어난 계절을 조사하여 나타낸 표를 보고 막대그래프를 그리려고 합니다. 물음에 답해 보세요.

태어난 계절별 학생 수

계절	봄	여름	가을	겨울	합계
학생 수(명)	8	9	10	5	32

(1) 막대그래프의 제목은 무엇으로 하는 것이 좋을까요?

(2) 막대그래프에서 가로 눈금은 몇 명까지 나타낼 수 있어야 할까요?

(3) 표를 보고 막대그래프를 그려 보세요.

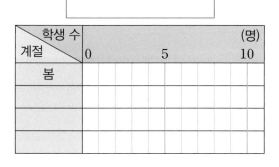

3-2 친구들이 지난 일주일 동안 공부한 시간을 조사하여 나타낸 표입니다. 물음에 답해 보세요.

일주일 동안 공부한 시간

이름	동민	효근	석기	한초	합계
시간(분)	540	300		240	1500

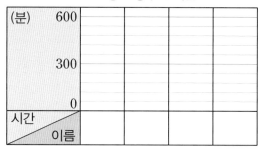

(1) 석기가 일주일 동안 공부한 시간은 몇 분인가요?

(2) 표를 보고 막대그래프로 나타내 보세요.

3-3 친구들이 6개월 동안 읽은 책은 몇 권인지 조사하여 나타낸 표입니다. 표를 보고 막대그래프를 완성해 보세요.

6개월 동안 읽은 책의 수

이름	용희	상연	지혜	한별	합계
책의 수(권)	12	18		30	84

3-4 지혜네 반 학생들이 좋아하는 민속놀이를 조사하여 나타낸 표입니다. 물음에 답해 보세요.

좋아하는 민속놀이별 학생 수

민속놀이	윷놀이	널뛰기	제기차기	연날리기
학생 수(명)	8	4	7	6

(1) 조사한 학생은 모두 몇 명인가요?

(2) 표를 보고 막대그래프를 완성해 보세요.

좋아하는 민속놀이별 학생 수

(3) 윷놀이를 좋아하는 학생 수는 널뛰기를 좋아하는 학생 수의 몇 배인가요?

(4) 가장 많은 학생이 좋아하는 민속놀이와 가장 적은 학생이 좋아하는 민속놀이를 차례로 써 보세요.

3-5 문구점별로 팔린 공책 수를 조사하여 나타낸 표입니다. 물음에 답해 보세요.

문구점별 팔린 공책 수

문구점	해님	별님	꽃님	달님	합계
공책 수(권)	45	72	66	57	240

(1) 표를 보고 막대그래프를 완성해 보세요.

문구점별 팔린 공책 수

(2) 공책이 가장 적게 팔린 문구점은 어느 문구점인가요?

(3) 공책이 가장 많이 팔린 문구점부터 차례로 써 보세요.

(4) 공책이 가장 많이 팔린 문구점과 가장 적게 팔린 문구점의 팔린 공책 수의 차는 몇 권인가요?

3-6 지혜네 반 학생들이 좋아하는 음식을 조사한 것입니다. 물음에 답해 보세요.

학생들이 좋아하는 음식

이름	음식	이름	음식	이름	음식	이름	음식
지혜	피자	예슬	김밥	가영	김밥	영수	떡볶이
한초	김밥	동민	떡볶이	효근	피자	한별	김밥
민정	김밥	유미	치킨	도영	피자	은우	김밥
미애	피자	서진	치킨	신영	떡볶이	영석	피자

(1) 조사한 내용을 보고 표를 완성해 보세요.

좋아하는 음식별 학생 수

음식	피자	치킨	김밥	떡볶이	합계
학생 수(명)					16

(2) 표를 보고 막대그래프로 나타내 보세요.

좋아하는 음식별 학생 수

(명)
```
 5
 0
학생 수 ╲ 음식   피자  치킨  김밥  떡볶이
```

(3) 학생 수가 치킨을 좋아하는 학생 수의 3배 인 음식은 무엇인가요?

(4) 가장 많은 학생이 좋아하는 음식부터 차례 로 써 보세요.

유형 4　**막대그래프의 쓰임새 알아보기**

실생활 속에서 얻어지는 자료를 바탕으로 표를 만들고, 만든 표를 막대그래프로 나타낸 다음, 자료의 많고 적음을 파악하여 전체적으로 나타 난 사실이나 현상을 알 수 있습니다.

4-1 어느 해 10월 한 달 동안의 강수량을 나타낸 막대그래프입니다. 물음에 답해 보세요.

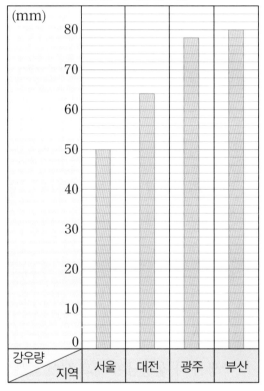

10월 지역별 강수량

(1) 강수량이 가장 많은 지역과 가장 적은 지 역을 차례로 써 보세요.

(2) 막대그래프를 통해 알 수 있는 사실을 2가 지 써 보세요.

동민이네 반 학생들의 장래 희망을 조사하여 나타낸 막대그래프입니다. 물음에 답해 보세요. [1~4]

장래 희망별 학생 수

1 가로와 세로는 각각 무엇을 나타내나요?

2 연예인이 되고 싶어 하는 학생은 몇 명인가요?

3 학생 수가 선생님이 되고 싶어 하는 학생 수의 2배인 장래 희망은 무엇인가요?

4 조사한 학생은 모두 몇 명인가요?

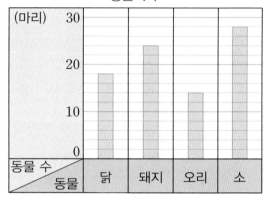

농장에 있는 동물의 수를 조사하여 나타낸 막대그래프입니다. 물음에 답해 보세요. [5~8]

동물의 수

5 농장에는 몇 종류의 동물이 있나요?

6 세로 눈금 한 칸은 몇 마리를 나타내나요?

7 가장 많은 동물은 가장 적은 동물보다 몇 마리 더 많나요?

8 가장 많은 동물부터 차례로 써 보세요.

마을별 콩 수확량을 조사하여 나타낸 막대그래프입니다. 물음에 답해 보세요. [9~12]

마을별 콩 수확량

마을 \ 수확량	0	100	200	300	400	500 (kg)
가						
나						
다						
라						

9 콩 수확량이 가장 많은 마을은 어느 마을인가요?

10 라 마을은 다 마을보다 콩을 몇 kg 더 많이 수확하였나요?

11 콩 수확량이 가장 많은 마을과 가장 적은 마을의 콩 수확량의 차는 몇 kg인가요?

12 가, 나, 다, 라 네 마을의 콩 수확량은 모두 몇 kg인가요?

웅이네 반 학생들이 좋아하는 민속놀이를 조사하여 나타낸 표입니다. 물음에 답해 보세요. [13~16]

좋아하는 민속놀이별 학생 수

민속놀이	윷놀이	팽이치기	제기차기	연날리기
학생 수(명)	5	3	4	8

13 조사한 학생은 모두 몇 명인가요?

14 표를 보고 막대그래프를 완성해 보세요.

좋아하는 민속놀이별 학생 수

학생 수 \ 민속놀이			
(명) 10			
5			
0			

15 연날리기를 좋아하는 학생 수는 제기차기를 좋아하는 학생 수의 몇 배인가요?

16 가장 많은 학생이 좋아하는 민속놀이와 가장 적은 학생이 좋아하는 민속놀이를 차례로 써 보세요.

마을별 승용차의 수를 조사하여 나타낸 표입니다. 물음에 답해 보세요. [17~20]

마을별 승용차 수

마을	해님	별님	꽃님	달님	합계
승용차 수(대)	52	96	76	76	300

17 표를 보고 막대그래프를 완성해 보세요.

마을별 승용차 수

	0 20 40 60 80 100
해님	
별님	
꽃님	
달님	
마을 / 승용차 수	0 20 40 60 80 100 (대)

18 승용차가 가장 많은 마을은 어느 마을인가요?

19 승용차의 수가 같은 마을은 어느 마을과 어느 마을인가요?

20 승용차가 가장 많은 마을과 가장 적은 마을의 승용차 수의 차를 구해 보세요.

모둠별 폐품 수집량을 조사하여 나타낸 표입니다. 물음에 답해 보세요. [21~24]

모둠별 폐품 수집량

모둠	가	나	다	라	합계
수집량(kg)	8	5		10	30

21 다 모둠의 폐품 수집량은 몇 kg인가요?

22 표를 보고 막대그래프로 나타내 보세요.

모둠별 폐품 수집량

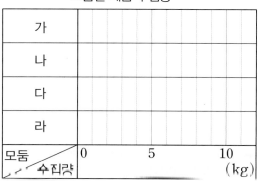

	0 5 10
가	
나	
다	
라	
모둠 / 수집량	0 5 10 (kg)

23 수집량이 가장 적은 모둠은 어느 모둠이고, 수집량은 몇 kg인가요?

24 폐품을 가장 많이 모은 모둠에 도서상품권을 주려고 합니다. 도서상품권을 받게 될 모둠은 어느 모둠인가요?

신영이네 학교 영어 이야기 대회에 참가한 학년별 남녀 학생 수를 조사하여 나타낸 막대그래프입니다. 물음에 답해 보세요. [25~28]

영어 이야기 대회에 참가한 학생 수

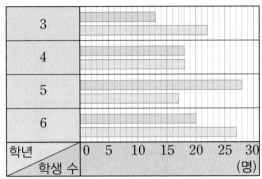

☐ 남학생 ☐ 여학생

25 참가한 남학생 수가 여학생 수보다 많은 학년은 몇 학년인가요?

26 참가한 4학년 학생은 모두 몇 명인가요?

27 참가한 남학생 수와 여학생 수의 차가 가장 큰 학년은 몇 학년인가요?

28 참가한 학생 수가 가장 많은 학년은 몇 학년인가요?

용희네 반 학생들이 가고 싶어 하는 수영장을 조사하여 나타낸 막대그래프입니다. 물음에 답해 보세요. [29~31]

가고 싶어 하는 수영장별 학생 수

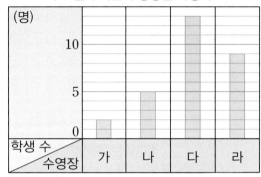

29 조사한 학생은 모두 몇 명인가요?

30 가장 많은 학생이 가고 싶어 하는 수영장과 가장 적은 학생이 가고 싶어 하는 수영장의 학생 수의 차는 몇 명인가요?

31 용희네 반에서 수영장을 간다면 어느 수영장을 가는 것이 좋을지 설명해 보세요.

5단원

여진이네 반 학생들이 좋아하는 운동을 조사한 것입니다. 물음에 답해 보세요. [32~35]

학생들이 좋아하는 운동

이름	운동	이름	운동	이름	운동	이름	운동
여진	축구	현철	농구	동민	야구	소희	야구
준영	야구	효근	야구	현주	야구	태민	농구
가영	농구	예진	수영	용희	축구	신영	야구
경수	배구	지혜	농구	민석	축구	규형	수영

32 조사한 것을 보고 표를 완성해 보세요.

좋아하는 운동별 학생 수

운동	축구	야구	농구	배구	수영	합계
학생 수 (명)						

33 표를 보고 막대그래프를 완성해 보세요.

좋아하는 운동별 학생 수

(명)					
5					
0					
학생 수 / 운동	축구	야구	농구	배구	수영

34 조사한 학생은 모두 몇 명인가요?

35 가장 많은 학생이 좋아하는 운동부터 차례로 써 보세요.

단축 마라톤 대회에 참가하는 학년별 학생 수를 조사하여 나타낸 막대그래프입니다. 물음에 답해 보세요. [36~39]

단축 마라톤 대회에 참가하는 학년별 학생 수

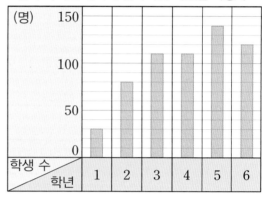

36 세로 눈금 한 칸은 몇 명을 나타내는지 설명해 보세요.

37 참가하는 학생 수가 가장 많은 학년과 가장 적은 학년을 각각 써 보세요.

38 같은 수의 학생이 참가하는 학년을 써 보세요.

39 단축 마라톤 대회에 참가하는 학생은 모두 몇 명인가요?

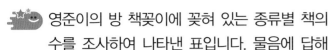

영준이의 방 책꽂이에 꽂혀 있는 종류별 책의 수를 조사하여 나타낸 표입니다. 물음에 답해 보세요. [40~43]

종류별 책의 수

종류	역사책	위인전	동화책	사전	학습 만화	합계
책의 수 (권)	8	12		3	5	44

40 영준이의 방 책꽂이에 꽂혀 있는 동화책은 몇 권인가요?

41 표를 보고 종류를 가로로 하여 막대그래프를 그려 보세요.

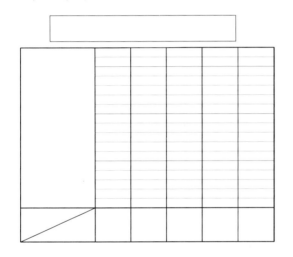

42 표를 보고 책의 수를 가로로 하여 막대그래프를 그려 보세요.

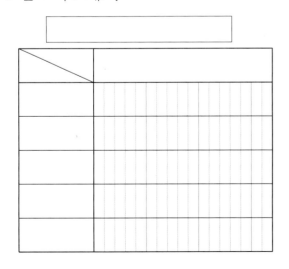

43 책의 수가 가장 많은 종류부터 차례로 써 보세요.

학교 앞 도로에서 10분 동안 지나간 자동차를 종류별로 조사하여 나타낸 표입니다. 물음에 답해 보세요. [44~47]

종류별 자동차의 수

종류	승합차	승용차	택시	버스	트럭	합계
자동차의 수(대)	6		18		4	50

44 승용차 수가 트럭 수의 3배일 때, 표를 완성해 보세요.

45 표를 보고 막대그래프를 완성해 보세요.

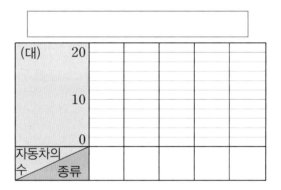

46 학교 앞 도로에서 10분 동안 지나간 자동차 중에서 가장 많이 지나간 자동차는 가장 적게 지나간 자동차보다 몇 대 더 많은지 설명해 보세요.

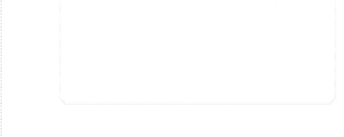

47 10분 동안 버스보다 더 많이 지나간 자동차의 종류를 모두 써 보세요.

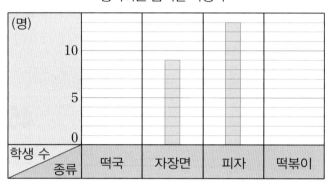

학생 38명이 좋아하는 음식을 조사하여 나타낸 표와 막대그래프입니다. 물음에 답해 보세요. [1~2]

좋아하는 음식별 학생 수

음식	떡국	자장면	피자	떡볶이
학생 수(명)		9		11

좋아하는 음식별 학생 수

막대그래프를 이용하여 표의 빈칸을 채워 보도록 합니다.

1 표를 완성해 보세요.

2 막대그래프를 완성해 보세요.

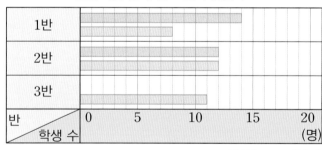

상연이네 학교 4학년 학생 중 여름 방학 캠프에 참가하는 학생 수를 조사하여 나타낸 막대그래프입니다. 물음에 답해 보세요. [3~4]

반별 여름 방학 캠프 참가 인원 수

■ 남학생 □ 여학생

3 전체 참가 인원이 65명일 때 참가하는 3반 남학생은 몇 명인가요?

4 가장 많은 학생이 참가하는 반은 몇 반인가요?

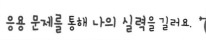

 학생들이 좋아하는 꽃을 조사하여 나타낸 표입니다. 물음에 답해 보세요. [5~6]

좋아하는 꽃별 학생 수

꽃	장미	튤립	백합	나팔꽃	합계
학생 수(명)		20		12	72

장미를 좋아하는 학생 수와 백합을 좋아하는 학생 수의 관계를 이용합니다.

5 장미를 좋아하는 학생은 백합을 좋아하는 학생보다 8명 더 적습니다. 표를 완성해 보세요.

6 표를 보고 막대그래프를 그려 보세요.

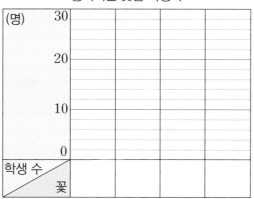

승은이와 지혜의 과목별 점수의 합을 각각 구하여 비교해 봅니다.

7 다음은 승은이와 지혜의 과목별 시험 점수를 나타낸 막대그래프입니다. 시험 점수의 총점은 누가 몇 점 더 높은가요?

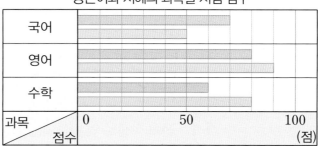

지선이네 학교 학생들이 일주일 동안 학교 도서관에서 빌려간 책의 종류를 조사하여 나타낸 표입니다. 물음에 답해 보세요. [8~11]

빌려간 책 종류별 학생 수

종류	위인전	동화책	과학책	소설책	합계
학생 수(명)	10	23		4	50

과학책을 빌려간 학생 수를 먼저 구해 봅니다.

8 동화책을 빌려간 학생은 과학책을 빌려간 학생보다 몇 명 더 많은가요?

9 표를 보고 막대그래프를 그려 보세요.

빌려간 책 종류별 학생 수

10 막대그래프를 그릴 때, 10명에 해당하는 막대의 길이가 20 mm라면 과학책에 해당하는 막대의 길이는 몇 mm인가요?

11 전체 학생 수의 반쯤되는 학생들이 빌려간 책의 종류는 무엇인가요?

반별로 모은 폐휴지의 무게를 조사하여 나타낸 막대그래프입니다. 물음에 답해 보세요. [12~13]

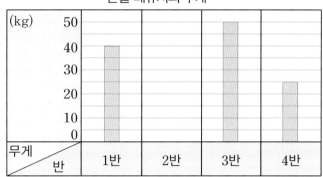

5 단원

12 2반은 3반보다 폐휴지를 15 kg 적게 모았습니다. 막대그래프를 완성해 보세요.

13 폐휴지를 가장 많이 모은 반과 가장 적게 모은 반의 무게의 차는 몇 kg인가요?

 한별이네 마을 학생들의 통학 수단을 조사하여 나타낸 막대그래프입니다. 물음에 답해 보세요. [14~15]

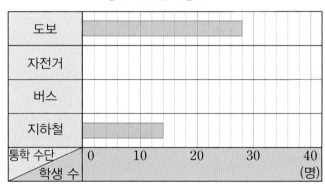

14 통학 수단이 자전거인 학생은 도보인 학생보다 12명 더 많고, 통학 수단이 버스인 학생은 지하철인 학생보다 18명 더 많다고 합니다. 막대그래프를 완성해 보세요.

15 가장 많은 학생의 통학 수단과 가장 적은 학생의 통학 수단을 차례로 써 보세요.

01

다음은 학생 68명이 어린이날 가장 가고 싶은 장소를 조사하여 나타낸 막대그래프입니다. 과학관에 가고 싶은 학생이 12명일 때, 막대그래프를 완성해 보세요.

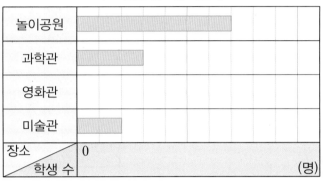

02

먼저 눈금 한 칸이 몇 분을 나타내는지 알아봅니다.

다음은 현정이와 친구들이 하루 동안 독서를 한 시간을 조사하여 나타낸 그래프입니다. 3명이 독서를 한 시간을 모두 더하면 5시간이고, 서연이가 동화책과 만화책을 읽은 시간의 차가 1시간일 때, 막대그래프를 완성해 보세요.

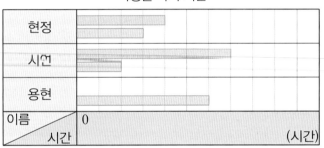

03

어느 대형 마트의 한 봉지에 들어 있는 채소의 수를 조사하여 나타낸 막대그래프입니다. 서윤이네 반 학생들의 점심 식사를 만드는 데 오이 25개, 양파 14개가 필요하다면 오이와 양파는 적어도 몇 봉지씩 사야 하는지 각각 구해 보세요.

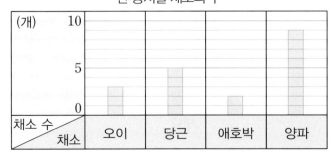

04 은지네 학교 4학년 학생들이 좋아하는 운동별 학생 수를 조사하였습니다. 조사에 참여한 학생 수는 205명일 때, 피구를 좋아하는 학생은 몇 명인가요?

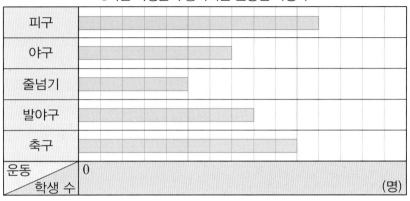

4학년 학생들이 좋아하는 운동별 학생 수

05 학생들이 가고 싶은 현장체험학습 장소를 조사하여 그래프로 나타내었습니다. 그래프의 일부와 두 사람의 대화를 보고 미술관에 가고 싶은 학생은 모두 몇 명인지 구해 보세요.

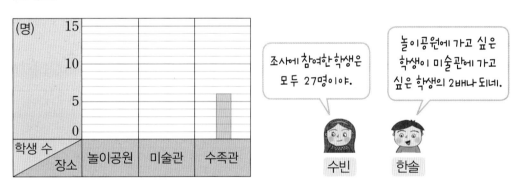

06 유승이네 학교 4학년 학생들이 생일날 받고 싶은 선물을 조사하여 나타낸 막대그래프입니다. 막대의 세로 눈금 칸 수의 합이 28칸이고 문화상품권과 학용품을 받고 싶은 학생 수의 합이 65명일 때, 장난감을 받고 싶은 학생은 몇 명인가요?

생일날 받고 싶은 선물별 학생 수

07

금액의 차를 이용하여 돈을 가장 많이 써서 산 학용품과 돈을 가장 적게 써서 산 학용품이 각각 무엇인지 알아봅니다.

은영이가 여러 가지 학용품을 사는 데 쓴 돈을 막대그래프로 나타낸 것입니다. 학용품을 사는 데 가장 많은 돈을 쓴 것과 가장 적은 돈을 쓴 것의 금액의 차가 2200원이라고 할 때, 은영이가 학용품을 사는 데 쓴 돈은 모두 얼마인가요?

학용품을 사는 데 쓴 돈

금액 학용품	0	500	1000	1500	2000	2500 (원)
지우개						
색연필						
공책						
크레파스						
연필						

지영이네 모둠 학생들이 가지고 있는 붙임 딱지 수를 조사하여 나타낸 그래프입니다. 물음에 답해 보세요. [08~09]

학생별 붙임 딱지 수

(표 - 막대그래프: 지영, 소은, 명환, 윤주, 성용)

학생별 붙임 딱지 수

이름	붙임 딱지 수
지영	◯ ◯ ◯ ◯ ◯ ◯
소은	
명환	◯ ◯ ◯ ◯
윤주	◯ ◯
성용	◯ ◯ ◯ ◯

08

먼저 막대그래프와 비교하여 그림그래프에서 큰 그림 1개와 작은 그림 1개가 나타내는 붙임 딱지 수를 알아봅니다.

위의 막대그래프와 그림그래프를 각각 완성해 보세요.

09

지영이네 모둠 학생들이 가지고 있는 붙임 딱지는 모두 몇 장인가요?

10

먼저 피아노 학원을 다니는 학생 수를 알아봅니다.

학생 32명을 대상으로 다니는 학원을 조사하여 나타낸 막대그래프입니다. 피아노 학원을 다니는 학생 수가 수영 학원을 다니는 학생 수의 2배보다 4명 적을 때 태권도 학원을 다니는 학생은 몇 명인가요?

다니는 학원별 학생 수

11

그래프에서 세로 눈금 한 칸이 몇 분을 나타내는지 알아봅니다.

용희가 일주일 동안 운동을 한 시간을 나타낸 막대그래프입니다. 월요일에 운동을 한 시간은 50분이고, 수요일에 운동을 한 시간은 일요일에 운동을 한 시간의 반이라고 합니다. 일주일 동안 운동을 한 시간이 모두 3시간 10분이라면 금요일에 운동을 한 시간은 막대그래프에 몇 칸으로 나타내야 하나요?

요일별 운동을 한 시간

12

가로 눈금 한 칸의 크기가 얼마인지 알아봅니다.

한초네 집에서 여러 장소까지의 거리를 나타낸 막대그래프입니다. 네 장소까지의 거리의 합은 5 km이고, 집에서 학교까지의 거리가 800 m일 때, 집에서 은행까지의 거리는 몇 m인가요?

집에서부터 여러 장소까지의 거리

학생들이 좋아하는 과목을 조사하여 나타낸 막대그래프입니다. 물음에 답해 보세요. [1~4]

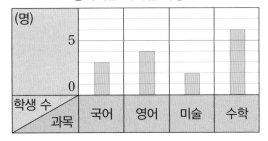

좋아하는 과목별 학생 수

1 세로 눈금 한 칸은 학생 몇 명을 나타내나요?

2 가장 많은 학생이 좋아하는 과목은 무엇인가요?

3 좋아하는 학생 수가 국어를 좋아하는 학생 수보다 더 많은 과목을 모두 찾아 써 보세요.

4 조사한 학생은 모두 몇 명인가요?

학생들이 좋아하는 계절을 조사하여 나타낸 표입니다. 물음에 답해 보세요. [5~7]

좋아하는 계절별 학생 수

계절	봄	여름	가을	겨울	합계
학생 수(명)	10	6	8	4	28

5 표를 보고 막대그래프를 완성해 보세요.

좋아하는 계절별 학생 수

계절 \ 학생 수	0			5			10	(명)		
봄										
여름										
가을										
겨울										

6 가장 많은 학생이 좋아하는 계절부터 차례로 써 보세요.

7 가을을 좋아하는 학생 수는 겨울을 좋아하는 학생 수의 몇 배인가요?

학생들이 좋아하는 민속놀이를 조사하여 나타낸 표입니다. 물음에 답해 보세요. [8~10]

좋아하는 민속놀이별 학생 수

민속놀이	자치기	윷놀이	널뛰기	고누	합계
학생 수(명)	12		6	8	40

8 윷놀이를 좋아하는 학생은 몇 명인가요?

9 표를 보고 막대그래프를 완성해 보세요.

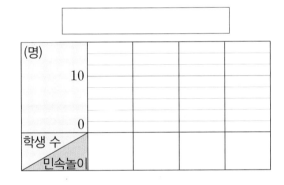

10 가장 많은 학생이 좋아하는 민속놀이와 가장 적은 학생이 좋아하는 민속놀이의 학생 수의 차는 몇 명인가요?

윤주와 동욱이가 어느 달 5일부터 8일까지 4일 동안 영어 공부를 한 시간을 조사하여 나타낸 막대그래프입니다. 물음에 답해 보세요. [11~14]

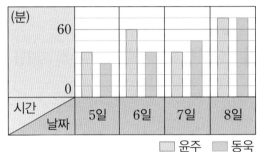

11 동욱이가 영어 공부를 가장 많이 한 날은 며칠이고, 몇 분 동안 했나요?

12 윤주와 동욱이가 영어 공부를 한 시간이 같은 날은 며칠인가요?

13 윤주와 동욱이가 영어 공부를 한 시간의 차가 가장 큰 날은 며칠인가요?

14 4일 동안 영어 공부를 한 시간은 윤주와 동욱이 중 누가 몇 분 더 많은가요?

학교 주변의 어느 가게에서 하루 동안 팔린 음료수별 판매량을 조사하여 나타낸 표입니다. 물음에 답해 보세요. [15~17]

음료수별 판매량

음료수	콜라	사이다	주스	기타	합계
판매량(개)	12			18	63

15 팔린 주스의 수가 콜라 수의 2배일 때, 표를 완성해 보세요.

16 표를 보고 막대그래프를 그려 보세요.

(개)	24			
	12			
	0			
판매량 음료수				

17 주스 한 개의 가격이 950원일 때, 하루 동안 팔린 주스의 값은 모두 얼마인가요?

18 다음 표를 완성하여 막대그래프를 그릴 때, 세로 눈금은 적어도 몇 명까지 나타낼 수 있어야 하는지 설명해 보세요.

취미별 학생 수

취미	독서	그림	운동	컴퓨터	합계
학생 수(명)		6	12	8	40

어느 지역의 과수원별 배 생산량을 조사하여 나타낸 막대그래프입니다. 물음에 답해 보세요. [19~20]

과수원별 배 생산량

19 배를 가장 적게 생산한 과수원은 어느 과수원인지 설명해 보세요.

20 네 과수원에서 생산한 배는 모두 몇 상자인지 설명해 보세요.

단원 **6** 규칙 찾기

이번에 배울 내용

1 수의 배열에서 규칙 찾기

2 등호를 사용한 식으로 나타내기

3 도형의 배열에서 규칙 찾기

4 계산식에서 규칙 찾기

5 규칙적인 계산식 찾기

1 수의 배열에서 규칙 찾기

1001	1102	1203	1304	1405
2001	2102	2203	2304	2405
3001	3102	3203	3304	3405
4001	4102	4203	4304	4405
5001	5102	5203	5304	5405

- → 방향으로 101씩 커지고, ← 방향으로 101씩 작아집니다.
- ↓ 방향으로 1000씩 커지고, ↑ 방향으로 1000씩 작아집니다.
- ↘ 방향으로 1101씩 커지고, ↗ 방향으로 899씩 커집니다.

2 등호(=)를 사용한 식으로 나타내기

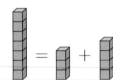
$$7=3+4$$

- 7은 3과 4의 합과 같습니다.

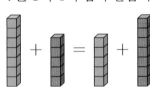
$$7+5=5+7$$

- 7과 5의 합은 5와 7의 합과 같습니다.

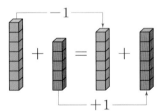
$$7+5=6+6$$

- 초록색 쌓기나무가 1개 줄어들고 빨간색 쌓기나무가 1개 늘면 전체 쌓기나무의 개수는 같아집니다.

$9=5+3+1$　　　$9=3\times3$

- 하나의 수를 여러 가지 식으로 나타낼 수 있습니다.

확인문제

1 수 배열표를 보고 물음에 답해 보세요.

205	215			235
305	315	325	335	
405			425	435
	515	525		
605	615			

(1) 수 배열의 규칙에 맞도록 빈칸에 들어갈 수를 써넣으세요.

(2) □ 안에 알맞은 수를 써넣으세요.

　→ 방향으로는 □씩 커지는 규칙이 있고, ↓ 방향으로는 □씩 커지는 규칙이 있습니다.

(3) 색칠한 칸에 나타난 규칙을 써 보세요.

_____

_____

2 □ 안에 알맞은 수를 써넣으세요.

(1) $13=6+□$

(2) $5+8=□$

(3) $5+8=6+□$

(4) $9+5=8+□$

3 □ 안에 알맞은 수를 써넣으세요.

(1) $12=6+4+□$

(2) $12=3\times□$

(3) $6+4+2=3\times□$

(4) $6\times8=□\times4$

3 도형의 배열에서 규칙 찾기

가장 작은 정사각형이 첫째는 $1 \times 1 = 1$(개), 둘째는 $2 \times 2 = 4$(개), 셋째는 $3 \times 3 = 9$(개), 넷째는 $4 \times 4 = 16$(개), 다섯째는 $5 \times 5 = 25$(개)가 놓여 있습니다.

4 계산식에서 규칙 찾기

✱ 덧셈식에서 규칙 찾기

순서	덧셈식
첫째	$1+2+1=4$
둘째	$1+2+3+2+1=9$
셋째	$1+2+3+4+3+2+1=16$
넷째	$1+2+3+4+5+4+3+2+1=25$

덧셈 결과는 덧셈식의 가운데 수를 두 번 곱한 것과 같습니다.

$2 \times 2 = 4$, $3 \times 3 = 9$, $4 \times 4 = 16$, $5 \times 5 = 25$

✱ 곱셈식, 나눗셈식에서 규칙 찾기

순서	곱셈식
첫째	$1 \times 1 = 1$
둘째	$11 \times 11 = 121$
셋째	$111 \times 111 = 12321$
넷째	$1111 \times 1111 = 1234321$

순서	나눗셈식
첫째	$111111111 \div 9 = 12345679$
둘째	$222222222 \div 18 = 12345679$
셋째	$333333333 \div 27 = 12345679$
넷째	$444444444 \div 36 = 12345679$

곱한 결과의 가운데 숫자는 그 단계의 순서와 같고, 가운데 숫자를 중심으로 해서 접으면 똑같은 숫자가 서로 만납니다.

나누어지는 수가 2배, 3배씩 커지고 나누는 수가 2배, 3배씩 각각 서로 같은 배수만큼씩 커지면 그 몫은 모두 똑같습니다.

5 규칙적인 계산식 찾기

10	11	12	13	14	15	16
17	18	19	20	21	22	23

주어진 수 배열표에서 여러 가지 계산식을 찾을 수 있습니다.

• $10+19=12+17$ • $16-11=23-18$
• $13+14+15=42$ ➡ $14 \times 3 = 42$
• $20+21+22=13+14+15+7+7+7$

확인문제

4 도형의 배열을 보고 물음에 답해 보세요.

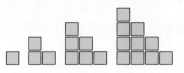

(1) 다섯째에 알맞은 모양을 그려 보세요.

(2) 도형의 배열에서 규칙을 찾아 써 보세요.

_____

_____

_____

_____

5 계산식 배열의 규칙에 맞도록 □ 안에 들어갈 식을 써넣으세요.

(1) $521+332=853$
   $521+342=863$
   [   ]
   $521+362=883$

(2) $7 \times 105 = 735$
   $7 \times 1005 = 7035$
   [   ]
   $7 \times 100005 = 700035$

6 수 배열표를 보고 빈칸에 알맞은 수를 써넣으세요.

101	102	103	104
105	106	107	108

$101+108=105+$ [   ]

유형 1 수의 배열에서 규칙 찾기

수 배열의 규칙에 맞도록 빈칸에 알맞은 수를 써넣으세요.

3208	3308		3508
4208		4408	4508
	5308		
6208		6408	6508

1-1 수 배열표를 보고 물음에 답해 보세요.

301	401	501	601	701
311	411	511		711
321	421		621	
331		531		731
341	441		641	

(1) 수 배열의 규칙에 맞도록 빈칸에 들어갈 수를 써넣으세요.

(2) ☐ 안에 알맞은 수를 써넣으세요.

• → 방향는 ☐ 씩 커지고,

← 방향으로는 ☐ 씩 작아집니다.

• ↓ 방향으로는 ☐ 씩 커지고,

↑ 방향으로는 ☐ 씩 작아집니다.

(3) 색칠한 칸에 나타난 규칙을 써 보세요.

_____

_____

_____

_____

1-2 규칙적인 수의 배열에서 가, 나에 알맞은 수를 구해 보세요.

2007	가	2407	2607	나

1-3 수 배열표를 보고 물음에 답해 보세요.

24531	24532	24533	24534
34531	34532	34533	34534
44531	44532	44533	44534
54531	54532	54533	54534

(1) 조건을 만족하는 규칙적인 수의 배열을 찾아 색칠해 보세요.

> • 가장 큰 수는 54534입니다.
> • ＼ 방향으로 10001씩 커집니다.

(2) ☐ 안에 알맞은 수를 써넣으세요.

→ 방향으로는 ☐ 씩 커지고,

↓ 방향으로는 ☐ 씩 커지므로

＼ 방향으로는 ☐ 씩,

／ 방향으로는 9999씩 커집니다.

1-4 규칙적인 수의 배열에서 5476과 6676 사이의 수를 모두 구해 보세요.

5176, 5476, ..., 6676

유형 2 등호를 사용한 식으로 나타내기

양쪽의 양이 같음을 등호를 사용한 식으로 나타내려고 합니다. □ 안에 알맞은 수를 써넣으세요.

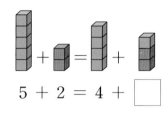

$$5 + 2 = 4 + \boxed{}$$

2-1 그림을 보고 □ 안에 알맞은 수를 써넣으세요.

(1)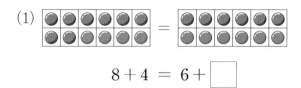

$$8 + 4 = 6 + \boxed{}$$

(2)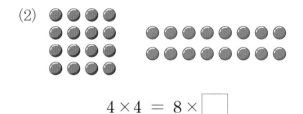

$$4 \times 4 = 8 \times \boxed{}$$

2-2 □ 안에 알맞은 수를 써넣으세요.

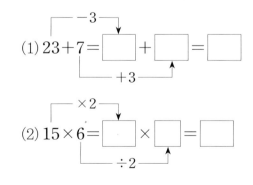

(1) $23 + 7 = \boxed{} + \boxed{} = \boxed{}$

(2) $15 \times 6 = \boxed{} \times \boxed{} = \boxed{}$

(3) $36 + 27 = 40 + \boxed{}$

(4) $4 \times 9 = 12 \times \boxed{}$

2-3 보기의 수를 사용하여 □ 안에 알맞은 수를 써넣으세요.

보기

$$3, \ 7, \ 6, \ 2, \ 9$$

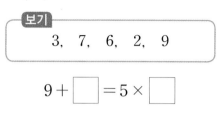

$$9 + \boxed{} = 5 \times \boxed{}$$

2-4 식이 옳은 것을 모두 찾아 기호를 써 보세요.

> ㉠ $37 + 43 = 35 + 45$
> ㉡ $42 - 12 = 25 + 15$
> ㉢ $18 \times 8 = 36 \times 2$
> ㉣ $48 \div 6 = 24 \div 3$

2-5 □ 안에 알맞은 수가 가장 큰 것을 찾아 기호를 써 보세요.

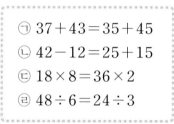

> ㉠ $38 + 24 = 47 + \boxed{}$
> ㉡ $27 \times 6 = 3 \times \boxed{}$
> ㉢ $59 - 34 = 50 \div \boxed{}$

6 단원

유형 3 도형의 배열에서 규칙 찾기

도형의 배열에서 다섯째에 올 그림에서 사용될 정사각형은 몇 개인가요?

3-1 도형의 배열을 보고 물음에 답해 보세요.

(1) 다섯째에 올 도형에서 분홍색으로 색칠한 사각형은 몇 개인가요?

(2) 여섯째에 올 도형에서 초록색으로 색칠한 사각형은 몇 개인가요?

(3) 도형의 배열 규칙을 찾아 써 보세요.

[초록색 모양 규칙]

_____

_____

[분홍색 모양 규칙]

_____

_____

3-2 도형의 배열을 보고 물음에 답해 보세요.

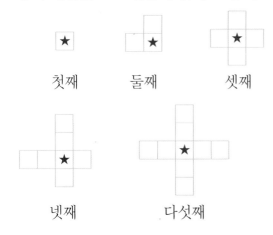

첫째   둘째   셋째

넷째   다섯째

(1) 여섯째에 올 도형에서 정사각형의 개수를 구해 보세요.

(2) 일곱째에 올 도형을 그려 보세요.

(3) 도형의 배열 규칙을 찾아 써 보세요.

_____

_____

3-3 도형의 배열에서 넷째에 올 도형에는 가장 작은 삼각형이 몇 개인가요?

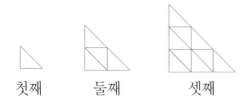

첫째   둘째   셋째

유형 4 계산식의 규칙 찾기 (1)

합이 7인 덧셈식을 만들어 보세요.

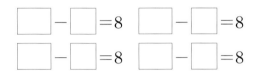

$\square + \square = 7$

$\square + \square = 7$

$\square + \square = 7$

4-1 차가 8인 뺄셈식을 4개만 만들어 보세요.

$\square - \square = 8$ $\square - \square = 8$

$\square - \square = 8$ $\square - \square = 8$

4-2 덧셈식을 보고 물음에 답해 보세요.

순서	덧셈식
첫째	$1+2+1=4$
둘째	$1+2+3+2+1=9$
셋째	$1+2+3+4+3+2+1=16$
넷째	$1+2+3+4+5+4+3+2+1=25$

(1) ☐ 안에 알맞은 수를 써넣으세요.

덧셈 결과는 덧셈식의 가운데 수를 두 번 곱한 것과 같으므로

첫째 덧셈 결과는 $2 \times 2 = 4$,

둘째 덧셈 결과는 $\square \times \square = 9$,

셋째 덧셈 결과는 $\square \times \square = 16$,

넷째 덧셈 결과는 $\square \times \square = 25$와 같이 생각할 수 있습니다.

(2) 다섯째 덧셈식을 써 보세요.

(3) 여섯째 덧셈식의 덧셈 결과는 얼마인가요?

4-3 각각의 계산식을 보고 물음에 답해 보세요.

가

$207+102=309$
$217+112=329$
$227+122=349$
$237+132=369$
$247+142=389$

나

$613+234=847$
$613+244=857$
$613+254=867$
$613+264=877$
$613+274=887$

다

$975-121=854$
$875-221=654$
$775-321=454$
$675-421=254$
$575-521=\ \ 54$

라

$345-123=222$
$445-223=222$
$545-323=222$
$645-423=222$
$745-523=222$

(1) 설명에 맞는 계산식을 찾아 기호를 써 보세요.

> 십의 자리 수가 각각 1씩 커지는 두 수의 합은 20씩 커집니다.

(2) 설명에 맞는 계산식을 찾아 기호를 써 보세요.

> 같은 자리의 수가 똑같이 커지는 두 수의 차는 항상 일정합니다.

(3) 나의 계산식에서 여섯째에 올 계산식을 써 보세요.

(4) 가의 계산식에서 아홉째에 올 계산식을 써 보세요.

6 단원

유형 5 계산식의 규칙 찾기 (2)

다음 계산식을 보고 □ 안에 알맞은 수를 써넣으세요.

$$10 \times 30 = 300$$
$$20 \times 30 = 600$$
$$30 \times 30 = 900$$
$$\vdots$$

10, 20, 30, ...과 같이 10씩 커지는 수에 □씩 곱하면 계산 결과는 □씩 커집니다.

5-1 다음 계산식을 보고 □ 안에 알맞은 수를 써넣으세요.

$$300 \div 3 = 100$$
$$600 \div 3 = 200$$
$$900 \div 3 = 300$$
$$\vdots$$

300, 600, 900, ...과 같이 □씩 커지는 수를 3으로 나누면 계산 결과는 □씩 커집니다.

5-2 곱셈식을 보고 물음에 답해 보세요.

순서	곱셈식
첫째	$1 \times 1 = 1$
둘째	$11 \times 11 = 121$
셋째	$111 \times 111 = 12321$
넷째	$1111 \times 1111 = 1234321$

(1) 규칙을 찾아 다섯째에 올 곱셈식을 써 보세요.

(2) 이 규칙으로 값이 12345654321이 되는 곱셈식을 써 보세요.

5-3 나눗셈식을 보고 물음에 답해 보세요.

순서	나눗셈식
첫째	$400 \div 2 = 200$
둘째	$800 \div 4 = 200$
셋째	$1200 \div 6 = 200$
넷째	$1600 \div 8 = 200$

(1) 규칙을 찾아 다섯째에 올 나눗셈식을 써 보세요.

(2) 위 나눗셈식에서 찾을 수 있는 규칙을 써 보세요.

_____

_____

5-4 계산식 배열의 규칙에 맞도록 □ 안에 들어갈 식을 써넣으세요.

$$3 \times 107 = 321$$

$$3 \times 10007 = 30021$$
$$3 \times 100007 = 300021$$
$$3 \times 1000007 = 3000021$$

유형 6 규칙적인 계산식 찾기

수 배열표를 보고 규칙적인 계산식이 되도록
□ 안에 알맞은 식을 써넣으세요.

10	12	14	16	18
11	13	15	17	19

$$10+13=11+12$$
$$12+15=13+14$$
$$14+17=15+16$$

6-1 수 배열표를 보고 규칙적인 계산식을 찾아 써 보세요.

120	130	140	150	160
220	230	240	250	260
320	330	340	350	360

규칙적인 계산식 1

$$120+230=130+220$$

$$130+240=140+230$$

규칙적인 계산식 2

$$120+230+340=140+230+320$$

$$130+240+350=150+240+330$$

규칙적인 계산식 3

$$120+220+320=220 \times 3$$

$$130+230+330=230 \times 3$$

$$140+240+340=240 \times 3$$

6-2 보기의 규칙을 이용하여 나누는 수가 4일 때의 계산식을 2개 더 써넣으세요.

보기

$$2 \div 2 = 1$$
$$4 \div 2 \div 2 = 1$$
$$8 \div 2 \div 2 \div 2 = 1$$
$$16 \div 2 \div 2 \div 2 \div 2 = 1$$

계산식

$$4 \div 4 = 1$$
$$16 \div 4 \div 4 = 1$$

6-3 수 배열표를 보고 주어진 조건을 만족하는 수를 구해 보세요.

3	4	5	6
7	8	9	10
11	12	13	14
15	16	17	18

조건
• 색칠된 부분에 있는 수입니다.
• 색칠된 부분에 있는 9개의 수의 합을 9로 나눈 몫과 같습니다.

 수 배열표를 보고 물음에 답해 보세요. [1~4]

3001	3202	3403	3604	3805
4001	4202	4403	4604	다
5001	가	5403	5604	5805
6001	6202	6403	6604	6805
7001	7202	7403	나	7805

1 → 방향으로는 얼마씩 커지나요?

2 ↓ 방향으로는 얼마씩 커지나요?

3 수 배열의 규칙을 찾아 **가, 나, 다**에 알맞은 수를 각각 구해 보세요.

4 색칠한 칸에 나타난 규칙을 찾아 써 보세요.

_____

_____

_____

_____

5 규칙적인 수의 배열에서 **가, 나**에 알맞은 수를 각각 구해 보세요.

| 5006 | 5107 | 가 | 5309 | 나 |

 수 배열표를 보고 물음에 답해 보세요. [6~8]

★			
6851	6852	6853	6854
7851	7852	7853	7854
8851	8852	8853	8854

6 조건을 만족하는 규칙적인 수의 배열을 찾아 색칠해 보세요.

> **조건**
> • 가장 큰 수는 8854입니다.
> • ＼ 방향으로 1001씩 커집니다.

7 초록색 선이 그어진 칸에 나타난 규칙을 써 보세요.

_____

_____

_____

_____

8 ★에 알맞은 수를 구해 보세요.

수 배열표를 보고 물음에 답해 보세요. [9~11]

18	21	24	27	30
118	121	124	127	130
318	321	324	327	나
618	가	624	627	630
1018	1021	1024	1027	1030

9 수 배열의 규칙에 맞도록 가와 나에 알맞은 수를 각각 구해 보세요.

10 초록색 선이 그어진 칸에 나타난 규칙을 써 보세요.

_____

_____

_____

11 빨간색 선이 그어진 칸에 나타난 규칙을 써 보세요.

_____

_____

_____

12 수 배열의 규칙에 맞도록 빈칸에 들어갈 수를 써넣으세요.

3017	3117	3317
3617	4017	

13 수 배열의 규칙에 맞도록 빈칸에 들어갈 수를 써넣으세요.

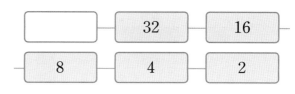

14 28을 등호를 사용한 두 가지 식으로 나타내려고 합니다. 보기의 수를 사용하여 □ 안에 알맞은 수를 써넣으세요.

보기
2, 3, 4, 6, 10

$$28 = 7 \times \square$$
$$28 = \square + \square + 15$$

15 □ 안에 알맞은 수를 써넣으세요.

(1) $33 \times \square = 11 \times 12$

(2) $4 \times 9 \times 5 = \square \times 9$

16 주머니에 빨간 구슬과 노란 구슬이 같은 수만큼 들어 있습니다. 이 구슬을 4명에게 나누어 주었더니 모두 6개씩 받았습니다. 주머니에 들어 있던 빨간 구슬은 몇 개였나요?

 도형의 배열을 보고 물음에 답해 보세요.

[17~20]

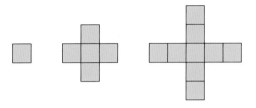

17 넷째에 올 도형에서 정사각형은 모두 몇 개 인가요?

18 다섯째에 올 도형에서 정사각형은 모두 몇 개인가요?

19 위 도형의 배열을 보고 정사각형의 개수를 구하는 계산식을 만들었습니다. 빈칸에 알 맞은 식을 써넣으세요.

순서	정사각형의 수(개)
첫째	1
둘째	1+4=5
셋째	1+4+4=1+4×2=9
넷째	
다섯째	

20 아홉째에 올 도형에서 정사각형은 모두 몇 개 인지 구하는 계산식을 써 보세요.

 도형의 배열을 보고 물음에 답해 보세요.

[21~24]

 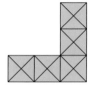

21 넷째에 올 도형에서 가장 작은 삼각형은 몇 개인가요?

22 위 도형의 배열을 보고 가장 작은 삼각형의 개수를 구하는 계산식을 만들었습니다. 빈 칸에 알맞은 계산식을 써넣으세요.

순서	가장 작은 삼각형의 수(개)
첫째	4×1=4
둘째	4×3=12
셋째	4×5=20
넷째	
다섯째	

23 여섯째에 올 도형에서 가장 작은 삼각형은 몇 개인지 구하는 계산식을 써 보세요.

24 가장 작은 삼각형이 52개일 때는 몇 째에 올 도형인가요?

덧셈식을 보고 물음에 답해 보세요. [25~28]

순서	덧셈식
첫째	$2+4+2=8$
둘째	$2+4+6+4+2=18$
셋째	$2+4+6+8+6+4+2=32$
넷째	

25 넷째 빈칸에 알맞은 덧셈식을 써넣으세요.

26 위의 덧셈식을 보고 □ 안에 알맞은 수를 써넣으세요.

첫째 덧셈식의 결과는 가운데의 수 4에 2를 곱한 것과 같고, 둘째 덧셈식의 결과는 가운데의 수 6에 □을 곱한 것과 같고, 셋째 덧셈식의 결과는 가운데의 수 □에 □를 곱한 것과 같습니다.
따라서 덧셈식의 합은
(가운데 수)×{(가운데 수)÷2}로 구할 수 있습니다.

27 26의 규칙을 참고로 하여 다섯째 덧셈식의 결과를 구해 보세요.

28 26의 규칙을 참고로 하여 여섯째 덧셈식의 결과를 구해 보세요.

29 계산식 배열의 규칙에 맞도록 □ 안에 알맞은 식을 써넣으세요.

$$5000+4000=9000$$
$$5000+14000=19000$$
$$5000+24000=29000$$

$$5000+44000=49000$$

규칙적인 계산식을 보고 물음에 답해 보세요. [30~32]

순서	계산식
첫째	$100+600-300=400$
둘째	$200+700-400=500$
셋째	$300+800-500=600$
넷째	$400+900-600=700$
다섯째	

30 다섯째 빈칸에 알맞은 계산식을 써넣으세요.

31 위 계산식을 보고 □ 안에 알맞은 수를 써넣으세요.

100, 200, 300, ...과 같이 □씩 커지는 수에 각각 600, 700, 800, ...과 같이 □씩 커지는 수를 더하고, 300, 400, 500, ...과 같이 □씩 커지는 수를 빼면 결과도 □씩 커집니다.

32 규칙을 이용하여 결과가 1000이 나오는 계산식을 써 보세요.

다음 계산식을 보고 물음에 답해 보세요.

[33~34]

$$220 \div 10 = 22$$
$$440 \div 20 = 22$$
$$660 \div 30 = 22$$
$$880 \div 40 = 22$$

33 다음에 올 계산식을 써 보세요.

34 계산식의 규칙을 찾아 써 보세요.

_____

_____

_____

_____

다음 계산식을 보고 물음에 답해 보세요.

[35~36]

$$11 \times 10 = 110$$
$$22 \times 20 = 440$$
$$33 \times 30 = 990$$
$$44 \times 40 = 1760$$

35 다음에 올 계산식을 써 보세요.

36 위 계산식을 보고 ☐ 안에 알맞은 수를 써넣으세요.

> 곱해지는 수와 곱하는 수가 각각 2배씩 커지면 곱은 ☐ 배가 되고, 곱해지는 수와 곱하는 수가 각각 3배씩 커지면 곱은 ☐ 배가 됩니다.

37 계산식 배열의 규칙에 맞도록 ☐ 안에 알맞은 식을 써넣으세요.

(1)
$$9 \times 103 = 927$$
$$9 \times 1003 = 9027$$

☐

$$9 \times 100003 = 900027$$

(2)
$$535 \div 5 = 107$$
$$5035 \div 5 = 1007$$

☐

$$500035 \div 5 = 100007$$

규칙적인 계산식을 보고 물음에 답해 보세요.

[38~39]

순서	계산식
첫째	$9 \times 9 - 1 = 80$
둘째	$98 \times 9 - 2 = 880$
셋째	$987 \times 9 - 3 = 8880$
넷째	$9876 \times 9 - 4 = 88880$
다섯째	

38 다섯째에 올 계산식을 빈칸에 써넣으세요.

39 규칙을 이용하여 계산 결과가 88888880이 나오는 계산식을 써 보세요.

수 배열표를 보고 물음에 답해 보세요. [40~41]

201	203	205	207	209
202	204	206	208	210

40 □ 안에 알맞은 식을 써넣으세요.

$$201+204=202+203$$
$$203+206=204+205$$
$$205+208=206+207$$

41 □ 안에 알맞은 수를 써넣으세요.

$$201+203+205=203\times\boxed{}$$
$$203+205+207=205\times\boxed{}$$
$$205+207+209=\boxed{}\times3$$

42 보기 의 규칙을 이용하여 나누는 수가 5일 때의 계산식을 2개 더 써넣으세요.

보기
$$2\div2=1$$
$$4\div2\div2=1$$
$$8\div2\div2\div2=1$$
$$16\div2\div2\div2\div2=1$$

계산식
$$5\div5=1$$
$$25\div5\div5=1$$
$$125\div5\div5\div5=1$$

43 수 배열표를 보고 주어진 조건을 만족하는 수를 구해 보세요.

1	2	3	4	5
6	7	8	9	10
11	12	13	14	15
16	17	18	19	20
21	22	23	24	25

조건
- 색칠된 부분에 있는 수입니다.
- 색칠된 부분에 있는 5개의 수의 합을 5로 나눈 몫과 같습니다.

6
단원

44 43의 수 배열표에서 색칠한 모양과 같은 모양으로 5개의 수에 색칠을 하였더니 그 합이 45였습니다. 색칠한 수 5개를 모두 써 보세요.

45 수 배열에서 규칙적인 계산식을 찾아 써 보세요.

13	14	15	16	17	18
7	8	9	10	11	12
1	2	3	4	5	6

 수 배열표를 보고 물음에 답해 보세요. [1~3]

가	16090	16290	16490
16890	17090	17290	다
17890	나	18290	18490
18890	19090	19290	19490

1 수 배열의 규칙에 맞도록 **가**, **나**, **다**를 각각 구해 보세요.

17290−16490=800을 이용하여 규칙을 파악할 수 있습니다.

2 색칠한 칸에 나타난 규칙을 써 보세요.

_____

_____

_____

3 색칠한 칸에 나타난 규칙에 대한 이유입니다. ☐ 안에 알맞은 수를 써넣으세요.

색칠한 칸에 있는 수를 가장 큰 수부터 차례로 볼 때, 첫째 수는 18890,

둘째 수는 ☐ , 셋째 수는 ☐ , 넷째 수는 16490입니다.

둘째 수는 첫째 수 18890보다 → 방향으로는 200만큼 더 크고

↑ 방향으로는 ☐ 만큼 작아지므로 ☐ −200= ☐ 만큼

작아집니다.

마찬가지로 셋째 수도 둘째 수보다 ☐ 만큼 작아지고, 넷째 수도

셋째 수보다 ☐ 만큼 작아집니다.

수 배열표를 보고 물음에 답해 보세요. [4~6]

93	113	133	153	173
193	213	233	㉯	273
393	㉮	433	453	473
693	713	733	753	773
1093	1113	1133	1153	1173
1593	1613	1633	1653	㉰

4 색칠된 세로줄에 나타난 규칙을 찾아 써 보세요.

_____

_____

_____

5 빨간색 선이 그어진 칸에 나타난 규칙을 써 보세요.

_____

_____

_____

6 수 배열의 규칙에 맞게 □ 안에 알맞은 수를 써넣으세요.

㉮=393+☐=☐   ㉮=213+☐=☐

㉯=233+☐=☐   ㉯=153+☐=☐

㉰=1635+☐=☐   ㉰=1173+☐=☐

7 수 배열의 규칙에 맞게 빈칸에 들어갈 수를 써넣으세요.

12	25	51	103	207	

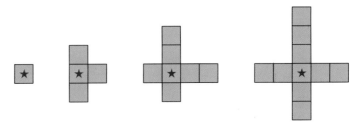

도형의 배열을 보고 물음에 답해 보세요. [8~9]

8 다섯째에 올 도형에서 정사각형은 몇 개인가요?

9 도형의 배열 규칙을 찾아 써 보세요.

규칙적인 계산식을 보고 물음에 답해 보세요. [10~11]

순서	계산식
첫째	$5 \times 30 \div 3 = 50$
둘째	$10 \times 30 \div 6 = 50$
셋째	$15 \times 30 \div 9 = 50$
넷째	$20 \times 30 \div 12 = 50$
다섯째	

곱해지는 수와 나누는 수가 같은 배수만큼씩 커지는 규칙이 있습니다.

10 다섯째 빈칸에 알맞은 계산식을 써넣으세요.

11 10째에 올 계산식을 써 보세요.

계산식을 보고 물음에 답해 보세요. [12~15]

$$10+12+14=12\times\boxed{}$$

$$10+12+14+16+18=14\times\boxed{}$$

$$10+12+14+16+18+20+22=16\times\boxed{}$$

12 위 계산식의 ☐ 안에 알맞은 수를 써넣으세요.

13 위 계산식에서 찾을 수 있는 규칙을 써 보세요.

_____

_____

_____

14 위 계산식을 참고하여 ☐ 안에 알맞은 수를 써넣으세요.

$$10+12+14+\cdots+26+28+30=\boxed{}\times\boxed{}$$

15 위 계산식에서 가운데의 수는 첫 번째 수와 마지막 수를 더해 2로 나눈 몫과 같습니다. 예를 들어 $10+12+14$에서 $12=(10+14)\div2$입니다. 이것을 참고하여 ☐ 안에 알맞은 수를 써넣으세요.

$$10+12+14+\cdots+46+48+50=\boxed{}\times\boxed{}$$

수 배열표를 보고 물음에 답해 보세요. [01~02]

2072	2172	2372	2672
3072		3372	3672
5072	5172	5372	
8072	8172		8672

01 초록색 선이 그어진 수의 규칙을 써 보세요.

_____

_____

02 수 배열의 규칙에 맞게 빈칸에 들어갈 수를 써넣으세요.

다음과 같이 규칙적으로 수를 배열할 때 물음에 답해 보세요. [03~05]

> 100, 3, 98, 6, 96, 9, 94, 12, ...

03 14째에 올 수는 얼마인가요?

04 15째에 올 수는 얼마인가요?

05 21째 수와 22째 수의 차를 구해 보세요.

06 수 배열의 규칙에 맞게 빈칸에 들어갈 수를 써넣으세요.

2	8	26	80	242	

07 다음과 같이 규칙적으로 수를 배열할 때 100째에 올 수는 얼마인가요?

2, 5, 8, 11, 14, …

6
단원

08 계산식에서 규칙을 찾아 12345×81의 값을 구해 보세요.

$$12345 \times 9 = 111105$$
$$12345 \times 18 = 222210$$
$$12345 \times 27 = 333315$$

09 그림과 같은 규칙으로 바둑돌을 놓을 때 30째에 놓이는 곳의 흰 바둑돌과 검은 바둑돌의 개수의 차를 구해 보세요.

첫째   둘째   셋째   30째

도형의 배열을 보고 물음에 답해 보세요. [10~11]

첫째   둘째   셋째

10 10째에 올 도형에서 초록색 삼각형은 몇 개인가요?

11 흰색 삼각형과 초록색 삼각형의 개수의 차가 100개인 것은 몇 째 도형인가요?

한 변이 1 cm인 정사각형을 이용하여 다음과 같은 도형을 만들었습니다. 물음에 답해 보세요. [12~13]

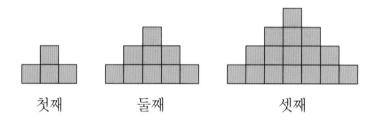

첫째   둘째   셋째

12 일곱째에 올 도형에서 한 변이 1 cm인 정사각형은 몇 개인가요?

13 한 변이 1 cm인 정사각형이 100개인 때는 몇 째 도형인가요?

계산식을 보고 물음에 답해 보세요. [14~17]

순서	계산식
첫째	$2+4=2\times3$
둘째	$2+4+6=3\times4$
셋째	$2+4+6+8=4\times5$
넷째	$2+4+6+8+10=5\times6$

14 위 계산식에서 찾을 수 있는 규칙을 써 보세요.

_____

_____

_____

6
단원

15 위 계산식을 참고하여 □ 안에 알맞은 수를 써넣으세요.

$$2+4+6+\cdots+\boxed{}=12\times\boxed{}$$

16 짝수를 2부터 연속하여 더한 결과가 90일 때, 더한 짝수의 개수는 몇 개인가요?

17 위 계산식을 이용하여 다음을 계산해 보세요.

$$38+40+\cdots+98+100$$

수 배열표를 보고 물음에 답해 보세요. [1~2]

3015	3315		3915
5015		5615	5915
	7315	7615	7915
9015		9615	

1 색칠한 칸에 나타난 규칙을 써 보세요.

_____

_____

_____

_____

2 수 배열의 규칙에 맞도록 빈칸에 알맞은 수를 써넣으세요.

3 규칙적인 수의 배열에서 가, 나에 알맞은 수를 구해 보세요.

4103	가	3703	3503	나

4 수 배열의 규칙에 맞도록 빈칸에 알맞은 수를 써넣으세요.

720	360	180	90	

5 ★에 알맞은 수는 얼마인지 구하려고 합니다. □ 안에 알맞은 수를 써넣고, 알맞은 말에 ○표 하세요.

$$42-17=★-20$$

20은 17보다 3만큼 더 큰 수이므로 ★에 알맞은 수는 42보다 □만큼 더 (큰, 작은) 수인 □입니다.

6 식이 옳은 것을 모두 찾아 기호를 써 보세요.

㉠ $36+47=38+49$
㉡ $52-26=48-22$
㉢ $17×12=34×6$
㉣ $40÷5=20÷10$

7 수 배열의 규칙을 찾아 빈칸에 알맞은 수를 써넣으세요.

17	34	68	136	

$$136×□=□$$

다음과 같이 규칙적으로 작은 정사각형을 색칠하였습니다. 물음에 답해 보세요. [8~9]

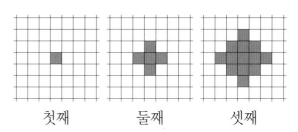

첫째   둘째   셋째

8 넷째에 올 모양을 그려 보세요.

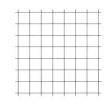

9 넷째에 올 모양에서 색칠된 작은 정사각형은 몇 개인지 구해 보세요.

규칙적인 계산식을 보고 물음에 답해 보세요. [10~11]

순서	계산식
첫째	$900-700+600=800$
둘째	$800-600+500=700$
셋째	$700-500+400=600$

10 넷째에 올 계산식을 써 보세요.

11 규칙을 이용하여 결과가 300이 나오는 계산식을 써 보세요.

다음 계산식을 보고 물음에 답해 보세요. [12~13]

$$1080÷3=360$$
$$1080÷6=180$$
$$1080÷9=120$$
$$1080÷12=90$$
$$1080÷15=72$$

12 계산식의 규칙을 찾아 써 보세요.

_____

_____

_____

_____

13 다음에 올 계산식을 써 보세요.

14 계산식 배열의 규칙에 맞도록 □ 안에 알맞은 식을 써넣으세요.

$$8×107=856$$
$$8×1007=8056$$

_____

$$8×100007=800056$$

수 배열표를 보고 물음에 답해 보세요. [15～16]

902	904	906	908	910
903	905	907	909	911

15 □ 안에 알맞은 식을 써넣으세요.

$$902+905=903+904$$
$$904+907=905+906$$
$$906+909=907+908$$

[   ]

16 □ 안에 알맞은 수를 써넣으세요.

$$902+904+906=904\times\boxed{}$$
$$904+906+908=906\times\boxed{}$$
$$906+908+910=\boxed{}\times3$$

17 보기 의 규칙을 이용하여 나누는 수가 3일 때의 계산식을 2개 더 써넣으세요.

보기

$$2\div2=1$$
$$4\div2\div2=1$$
$$8\div2\div2\div2=1$$
$$16\div2\div2\div2\div2=1$$

계산식

$$3\div3=1$$
$$9\div3\div3=1$$
$$27\div3\div3\div3=1$$

[   ]

[   ]

18 다음 계산식에서 다섯째에 올 계산식을 구하고 그렇게 생각한 이유를 설명해 보세요.

$$1+3=2\times2$$
$$1+3+5=3\times3$$
$$1+3+5+7=4\times4$$
$$1+3+5+7+9=5\times5$$

19 다음 수 배열에서 찾을 수 있는 규칙은 무엇인지 설명해 보세요.

1	2	6	24	120	720

20 다음 계산식에서 **가**는 얼마인지 구하고 그이유를 설명해 보세요.

$$1+4+7=4\times가$$
$$1+5+9=5\times가$$
$$1+6+11=6\times가$$

Memo

Memo

상위권 도약을 위한
길라잡이

왕수학

실력편

정답과 풀이

4-1

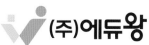

(주)에듀왕

정답과 풀이

4-1

1. 큰 수

1 10000, 1만, 만, 일만   **2** 70236

3 (1) 이만 구천삼백팔십칠   (2) 팔만 이천육십사

    (3) 오만 삼십일

4 (1) 38005   (2) 96020

5 (1) 2000000, 이백만   (2) 5837만, 오천팔백삼십칠만

6 36500000000

7 5139000000000000

8 (1) 1758억, 1858억   (2) 21조 2만, 31조 2만

9 (1) <   (2) <

---

3 수를 말로 쓸 때에는 만 단위와 천 단위 사이를 띄어 쓰니다.

     예 25641 ⇨ 이만 오천육백사십일

4 자리의 숫자가 0일 때 숫자가 0인 자리는 그 자리의 숫자와 자릿값을 모두 읽지 않습니다.

8 (1) 백억의 자리 숫자가 1씩 커지므로 100억씩 뛰어 센 것입니다.

9 (1) 3415086 < 30928561

         7자리   8자리

    (2) 48712049 < 48714009

               2<4

유형 1 (1) 8000   (2) 10000

1-1 6000, 4000, 2000

1-2 예

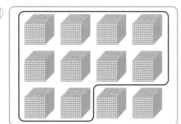

1-3 100, 10, 1   **1-4** 100배

유형 2 23657, 이만 삼천육백오십칠

2-1 23640원

2-2 (1) 40000, 5000, 20, 8   (2) 90000, 40, 7

2-3 (1) 만, 50000   (2) 천, 9000

2-4 (1) 팔만 칠천육십   (2) 구만 천삼백이십칠

2-5 (1) 42451   (2) 30908

2-6 5, 0, 3, 8/50000, 0, 300, 8

2-7 87451

유형 3 39, 7417, 삼십구만 칠천사백십칠

3-1 8, 6, 5, 2

3-2 (1) 2485369, 이백사십팔만 오천삼백육십구

    (2) 42900851, 사천이백구십만 팔백오십일

3-3 8036만 7529, 80367529

3-4 (1) 2300000, 이백삼십만

    (2) 4153, 6927, 사천백오십삼만 육천구백이십칠

3-5 (1) 천만의 자리   (2) 3, 3000000

    (3) 8, 800000   (4) 5, 50000

3-6 (1) 5, 50000000   (2) 백만, 7000000

3-7 (1) 오천팔백십육만 사천칠백삼십팔

    (2) 삼백이십만 구천오백이십칠

3-8 (1) 7030085   (2) 42760690

3-9 십만의 자리, 300000

3-10 ㉣, ㉢, ㉠, ㉡

유형 4 87, 6451, 9584,

팔십칠억 육천사백오십일만 구천오백팔십사

4-1 37240070000, 삼백칠십이억 사천칠만

4-2 4025억 617만 549, 402506170549

4-3 (1) 7, 70억   (2) 억, 8억

유형 5 486, 5246, 5328, 4678

5-1 697798200000000,

    육백구십칠조 칠천구백팔십이억

5-2 9315조 26억 4000만 307,

    9315002640000307

5-3 (1) 백조, 400조   (2) 일조, 1조

유형 6 (1) 만의 자리 숫자   (2) 10000

6-1 (1) 만의 자리   (2) 10000

    (3) 십억의 자리   (4) 10억

6-2 140억, 160억, 170억

6-3 100억

6-4 (1) 74292, 84292　(2) 3778조, 4078조

6-5 (1) 3조, 30조　(2) 89억, 890억

6-6 45000

유형7 (1) >　(2) <

7-1 (1) <　(2) >　(3) <

7-2 웅이

7-3 ㉠

7-4 ㉠, ㉢, ㉡

유형8 (1) <　(2) <

8-1 (1) <　(2) >　(3) >

8-2 첫 번째 수 △, 두 번째 수 ○

8-3 7, 8, 9에 ○표

1-4

10000은 ┌ 1000의 10배
　　　├ 100의 100배
　　　├ 10의 1000배
　　　└ 1의 10000배

2-1

10000원짜리 2장 ┐
1000원짜리 3장 ├ 23640원
100원짜리 6개 │
10원짜리 4개 ┘

2-2 (1) 45028은 10000이 4개, 1000이 5개, 100이 0개, 10이 2개, 1이 8개인 수입니다.

2-4 (1) 87060 ⇨ 8만 7060 ⇨ 팔만 칠천육십
　　　　　　　만　　일
　　(2) 91327 ⇨ 9만 1327 ⇨ 구만 천삼백이십칠
　　　　　　　만　　일

2-7 48067 ⇨ 8000, 62984 ⇨ 80, 91832 ⇨ 800,
87451 ⇨ 80000

3-2 (2) 일이 851개이면 851이므로 천의 자리에는 0을 씁니다.

3-7 (2) 3209527 ⇨ 320만 9527 ⇨ 삼백이십만 구천 오백이십칠

3-8 (1) 칠백삼만 팔십오 ⇨ 703만 85 ⇨ 7030085
　　(2) 만이 4276이고 일이 690 ⇨ 4276만 690
　　　　⇨ 42760690

3-9 9038 2074
　　　　만　　일

6-3 백억의 자리 숫자가 1씩 커지므로 100억씩 뛰어 센 것입니다.

6-4 (1) 10000씩 뛰어 세었습니다.

---

(2) 100조씩 뛰어 세었습니다.

6-6 10000씩 뛰어 세었습니다.
따라서 65000에서 거꾸로 10000씩 2번 작아지도록 뛰어 세면 65000−55000−45000입니다.

유형7 자리 수가 많은 쪽이 더 큰 수입니다.

7-1 (3) 5263000 < 52382116
　　　　　7자리　　　8자리

7-2 85200 < 147350
　　　5자리　　6자리

7-3 ㉠ 73920680105 > ㉡ 8023542168
　　　11자리　　　　　10자리

7-4 ㉠ 11자리　㉡ 9자리　㉢ 10자리

유형8 자리 수가 같으므로 높은 자리의 숫자가 큰 쪽이 더 큰 수입니다.

8-1 (2) 자리 수가 같으므로 높은 자리 숫자부터 차례로 크기를 비교하면 십조의 자리의 숫자가 8>0이므로 왼쪽 수가 더 큽니다.
　　(3) 48900608 > 48098454
　　　　　　9>0

8-2 자리 수가 같으므로 높은 자리 숫자부터 차례로 크기를 비교합니다.

8-3 76574321<765□5978에서 천의 자리 숫자의 크기를 비교하면 4<5이므로 □ 안에 들어갈 수 있는 숫자는 7과 같거나 7보다 큰 숫자입니다.

---

step3 기본유형 다지기　14~19쪽

1 10000 또는 1만/만 또는 일만

2 32805

3 (1) 삼만 사천육백이십구　(2) 오만 팔백이십사

4 (1) 62754　(2) 49307

5 38470원　　　　**6** (1) ㉣　(2) ㉡

7 (1) 30000+7000+400+30+5
　　(2) 80000+2000+7

8 만, 60000, 백, 900

9 (1) ㉠ 천만의 자리, ㉡ 백만의 자리
　　(2) 3000만, 700만

10 3000000, 삼백만

11 3247450, 삼백이십사만 칠천사백오십

12 6, 60000000　　**13** 200000

14 23850000　　**15** 98765310

16 10356789　　**17** 1320장

18 100000000, 억, 일억　**19** 100만, 1000만, 1억

20 100만, 1000만　　**21** ㉢

22 208800734806,
　　이천팔십팔억 칠십삼만 사천팔백육

23 52700000000

24 (1) 1, 1000000　(2) 4, 400000000

25 칠천이백팔십삼억 육천오백이십사만 육천

26 10000, 10, 1　　**27** 265, 4350, 3600

28 (1) 230032000000　(2) 5620370000000000

29 152403070000

30 2363125000000000

31 2503600000000　　**32** ㉡

33 4370만, 5370만

34 40조 5억, 42조 5억, 43조 5억

35 4960억, 5060억, 5160억, 5260억

36 2102조, 2112조, 2122조, 2132조

37 100만　　　　**38** (1) > (2) <

39 ㉢　　　　　**40** ㉢, ㉡, ㉠

41 ㉡, ㉠, ㉢　　**42** 1752만

43 3070억　　　**44** 10234578

45 987543210　　**46** 958743210

47 6, 7, 8, 9　　**48** 예슬

5　30000+8000+400+70=38470(원)

6　(1) ㉠ 75634 ⇨ 70000　㉡ 42197 ⇨ 7
　　　　㉢ 27486 ⇨ 7000　㉣ 64713 ⇨ 700
　　(2) ㉠ 75634 ⇨ 4　㉡ 42197 ⇨ 40000
　　　　㉢ 27486 ⇨ 400　㉣ 64713 ⇨ 4000

14　100만이 23개 ⇨ 2300만
　　　10만이 　8개 ⇨ 　80만
　　　만이 　5개 ⇨ 　　5만
　　따라서 23850000입니다.

17　13200000원은 1320만 원이고, 1320만은 만이
　　　1320개인 수입니다. 따라서 만 원짜리 지폐 1320장
　　　으로 바꿀 수 있습니다.

21　㉢ 억은 100만이 100개인 수 또는 1000만이 10개
　　　인 수입니다.

31　• 1000억이 25개인 수 ⇨ 2조 5000억
　　　• 1억이 36개인 수 ⇨ 36억
　　　따라서 2503600000000입니다.

32　1000억이 50개인 수는 5조입니다.

39　㉡ 8조 4950억

41　㉠ 8억 7540만
　　　㉡ 8754만
　　　㉢ 87억 5400만

42　2052만−1952만−1852만−1752만

43　3120억−3110억−3100억−3090억−3080억−
　　　−3070억

46　| 9 | 5 | 8 | 7 | 4 | 3 | 2 | 1 | 0 |
　　　　　└─ 1000만의 자리

48　석기: 96431, 예슬: 96520

---

1 47600원　　　　**2** 5, 5000

3 2304679, 이백삼십만 사천육백칠십구

4 7개　　　　　**5** ②

6 6억 2000만　　**7** 94조 6080억 km

8 (1) 8 (2) 십억의 자리 숫자 (3) 1000배

9 710억　　　　**10** 3조

11 6550만, 6700만　　**12** 77366434

13 ㉣, ㉡, ㉠, ㉢　　**14** 8884742200

15 (1) >　(2) <　　**16** ㉡, ㉠, ㉢

1　만 원짜리 지폐 3장　⇨　30000원
　　　천 원짜리 지폐 17장　⇨　17000원
　　　백 원짜리 동전 5개　⇨　　500원
　　　십 원짜리 동전 10개　⇨　　100원
　　　　　　　　　　　　　　　47600원

2　• 10000이 7개 ⇨ 70000
　　　• 1000이 4개 ⇨ 4000
　　　• 100이 13개 ⇨ 1300

- 10이 8개 ⇨ 80
- 1이 5개 ⇨ 5
⇨ 70000＋4000＋1300＋80＋5＝75385이므로
천의 자리 숫자는 5이고 5000을 나타냅니다.

3 일곱 자리 수 중 십만의 자리 숫자가 3인 수
⇨ ☐ 3 ☐ ☐ ☐ ☐ ☐
0은 맨 앞에 올 수 없고, 가장 작은 수부터 차례로 놓으면 2 3 0 4 6 7 9입니다.

4 100억이 437개 ⇨ 4370000000000
　10억이　2개 ⇨ 　2000000000
100만이　46개 ⇨ 　　46000000
인 수는 4372046000000입니다.
따라서 4372046000000에서 0은 모두 7개입니다.

6 5200000 $\xrightarrow{100배}$ 520000000 (5억 2000만)
　　　　　　　　　억　만　일
5억 2000만 ─ 5억 4000만 ─ 5억 6000만
─ 5억 8000만 ─ 6억 ─ 6억 2000만
다른 풀이 2000만씩 크게 5번 뛰어 세면 1억만큼 더 커지므로 5억 2000만에서 1억만큼 더 큰 수는 6억 2000만입니다.

7 9460800000000 $\xrightarrow{10배}$ 94608000000000
　　　　　　　　　　조　억　만　일

8 (3) ㉡이 나타내는 수는 5000억이므로 ㉡의 10배는 5조, 100배는 50조, 1000배는 500조입니다.

9 560억과 800억의 차는 240억이고 모두 8칸이므로 30억씩 뛰어 센 것입니다.
560억에서 30억씩 5번 뛰어 세면
560억 ─ 590억 ─ 620억 ─ 650억 ─ 680억 ─ 710억입니다.

10 4000억씩 10번 뛰어 세면 4조만큼 더 커지므로 어떤 수는 7조보다 4조만큼 더 작은 수인 3조입니다.

11 백만의 자리 숫자와 십만의 자리 숫자가 변했고, 6400만에서 3번 뛰어서 450만만큼 커졌습니다.
따라서 150만씩 뛰어 세었으므로
6400만 ─ 6550만 ─ 6700만 ─ 6850만입니다.

12 십만의 자리에 3을 놓고 높은 자리부터 큰 수를 차례로 놓습니다.
가장 큰 수는 7 7 3 6 6 4 4 3이고, 두 번째로 큰 수는 77366434입니다.

13 ㉠ 1조 　㉡ 980억

㉢ 1조 4200억　㉣ 49억 8003만 7700
따라서 가장 작은 수부터 차례로 기호를 쓰면
㉣, ㉡, ㉠, ㉢입니다.

14 가장 큰 10자리 수인 8 8 7 4 7 4 2 2 0 0보다 1000만 큰 수는 8884742200입니다.

16 ㉠과 ㉢은 여섯 자리 수, ㉡은 일곱 자리 수이므로 ㉡이 가장 큽니다. ㉠의 ☐ 안에 0을 넣고 ㉢의 ☐ 안에 9를 넣어도 ㉠은 ㉢보다 큽니다.
따라서 ㉡＞㉠＞㉢입니다.

step 5 응용실력 높이기 *24~27쪽*

1 3 　　　　　　　　　　**2** 2
3 3개 　　　　　　　　　**4** 5조 200억
5 3조 4000억 　　　　　　**6** 11
7 8 　　　　　　　　　　**8** 3, 4, 5
9 7 　　　　　　　　　　**10** ㉡
11 1200881 　　　　　　　**12** 995990010
13 ㉢, ㉣, ㉠, ㉡ 　　　　　**14** 32
15 26장

1 예지: 일의 자리 숫자는 4, 수호: 십의 자리 숫자는 3, 수호: 백의 자리 숫자는 0, 예지: 만의 자리 숫자는 2, 수호: 십만 자리의 숫자는 1
그런데 예지의 말에서 십의 자리에 쓰인 숫자가 한번 더 쓰였으므로 천의 자리 숫자 ㉠은 3입니다.

2 서로 다른 숫자라고 했으므로 보이지 않는 숫자는 1, 2, 4, 5, 7, 8 중 하나입니다.
각 수에 따라 가장 큰 다섯 자리 수와 가장 작은 다섯 자리 수의 합을 살펴보면 다음과 같습니다.
1일 때 96310＋10369＝106679
2일 때 96320＋20369＝116689
4일 때 96430＋30469＝126899
5일 때 96530＋30569＝127099
7일 때 97630＋30679＝128309
8일 때 98630＋30689＝129319
따라서 가장 큰 수와 가장 작은 수의 합이 11만보다 크고 12만보다 작은 수는 2일 때입니다.

3 가장 큰 수부터 차례로 나열하면 98765432, 98765423, 98765342, 98765324, …입니다. 따라서 98765324보다 큰 수는 모두 3개입니다.

4 4조 9900억과 5조 900억 사이는 1000억이고 수직선에서 똑같이 10칸으로 나누었으므로 100억씩 뛰어 센 것과 같습니다.

5 400억씩 7번 뛰어 세는 것은 2800억을 뛰어 세는 것과 같습니다.
3조 4300억에서 2800억만큼 뛰어 세기 전의 수는 3조 1500억입니다.
따라서 3조 1500억에서 500억씩 5번 뛰어 센 수를 구하면
3조 1500억＋2500억＝3조 4000억입니다.

6 1000만 원짜리 수표 5장, 10만 원짜리 수표 133장, 만 원짜리 지폐 210장을 입금하면 65400000원입니다.
76400000－65400000＝11000000(원)이므로 100만 원짜리 수표는 11장입니다.

7 7000억에 가장 가까운 숫자는 천억의 자리 숫자가 6이면서 가장 큰 수이거나 천억의 자리 숫자가 7이면서 가장 작은 수입니다. 천억의 자리 숫자가 6이면서 가장 큰 수는 688776332200이고 천억의 자리 숫자가 7이면서 가장 작은 수는 700223366788입니다. 따라서 7000억에 더 가까운 수는 700223366788이므로 십억의 자리에 쓰인 숫자는 0, 천만의 자리에 쓰인 숫자는 2, 천의 자리에 쓰인 숫자는 6이므로 세 수의 합은 0＋2＋6＝8이 됩니다.

8 ㉠에 들어갈 수 있는 숫자는 0부터 5까지의 숫자이고 ㉡에 들어갈 수 있는 숫자는 3부터 9까지의 숫자이므로 공통으로 들어갈 수 있는 숫자는 3, 4, 5입니다.

9 • 가장 큰 수: 8885554443330
• 두 번째로 큰 수: 8885554443303
• 세 번째로 큰 수: 8885554443300
• 네 번째로 큰 수: 8885554443033
따라서 네 번째로 큰 수의 백의 자리 숫자는 0, 천의 자리 숫자는 3, 만의 자리 숫자는 4이므로
0＋3＋4＝7입니다.

10 6000억씩 커지도록 10번 뛰어 센 수는 처음 수보다 6조만큼 큰 수이므로 ㉮는 12조 4700억보다 6조만큼 작은 수인 6조 4700억입니다.
5000억씩 커지도록 10번 뛰어 센 수는 처음 수보다 5조만큼 큰 수이므로 ㉯는 11조 5500억보다 5조만큼 작은 수인 6조 5500억입니다.
따라서 ㉮와 ㉯ 중 더 큰 수는 ㉯입니다.

11 조건을 만족하는 수 중 가장 작은 일곱 자리 수가 되려면 십만의 자리 숫자가 2, 일의 자리 숫자가 1이어야 합니다. 또한 8은 되도록 낮은 자리에 와야 하므로 구하려고 하는 수는 1200881입니다.

12 세 번째 조건으로 백만의 자리 숫자는 5, 십의 자리 숫자는 1임을 알 수 있습니다. 5와 1을 각각 알맞은 자리 수에 찾아 쓴 다음, 가장 큰 수가 되도록 0은 뒤에서부터 3개 채워 놓고 가장 큰 숫자인 9는 앞에서부터 채워 넣으면 9 9 5 9 9 0 0 1 0 입니다.

13 모두 9자리 수이므로 높은 자리 숫자 두 자리만 비교해 보면 ㉢과 ㉣이 ㉠과 ㉡보다 큰 수임을 알 수 있습니다.
㉢과 ㉣을 비교할 때 ㉣의 □ 안에 9를 넣어도 ㉢이 ㉣보다 큽니다. ⇨ ㉢>㉣
㉠과 ㉡을 비교할 때 ㉠의 □ 안에 0을 넣어도 ㉠이 ㉡보다 큽니다. ⇨ ㉠>㉡
따라서 ㉢>㉣>㉠>㉡입니다.

14
```
   ㉠㉡560989127
 − ㉡㉠560989127
   3 6 000000000
```
㉠>㉡이고 백억의 자리에서 십억의 자리로 받아내림이 있습니다.
㉠－1－㉡＝3, ㉠－㉡＝4이고 ㉠＋㉡＝12인 두 수는 ㉠＝8, ㉡＝4입니다.
따라서 ㉠×㉡＝32입니다.

15 100만 원짜리 수표 6장은 6000000원, 만 원짜리 지폐 32장은 320000원, 천 원짜리 지폐 120장은 120000원이므로
6000000＋320000＋120000＝6440000(원)입니다. 유승이 어머니께서 찾은 돈은 9040000원이므로
9040000－6440000＝2600000(원)에서 10만 원짜리 수표는 26장 받아야 합니다.

단원평가

1 (1) 삼만 이천백십　(2) 사천오백이억

　　(3) 오백팔십일조 삼억 육십만 사천

2 (1) 2873, 4059　(2) 91, 6003, 2617

3 (1) 4000, 30　(2) 30만, 2000

4 (1) 6개　(2) 8개

5 ④

6 (1) 4000만, 4100만, 4200만　(2) 4000억, 40조

7 (1) ＜　(2) ＜　　　　　**8** 100000배

9 5500억, 1조 5500억, 2조 5500억

10 3조 7000억

11 ⑤

12 십조의 자리 숫자, 60조

13 5324309002160000

14 가장 큰 수: 4433221100

　　가장 작은 수: 1001223344

15 ㉤, ㉢, ㉠　　　　**16** ㉠

17 153억 달러

18 ⑩ 10만 원짜리 수표가 387장이면 3870만 원입니다.

38700000은 10000이 3870개인 수이므로 만 원짜리 지폐로만 3870장을 바꿀 수 있습니다.

19 ＜／⑩ 자리 수가 같으므로 높은 자리부터 차례로 비교하면 0과 □를 비교해야 합니다. □ 안에 0부터 9까지의 어느 수를 넣어도 천의 자리 숫자를 비교하면 5＜7이므로 오른쪽 수가 더 큽니다.

20 ⑩ 7억보다 크면서 7억에 가장 가까운 수는 712345689이고, 7억보다 작으면서 7억에 가장 가까운 수는 698754321입니다. 각 수와 7억과의 차를 비교하면 12345689＞12456679이므로 7억에 가장 가까운 수는 698754321입니다.

5 ① 70000　② 700000　③ 7000

　④ 7000000　⑤ 70

6 (1) 100만씩 뛰어 세는 규칙입니다.

　(2) 40억을 100배 한 수는 4000억이고, 4000억을 100배 한 수는 40조입니다.

8 ㉠이 나타내는 값은 300000000,

㉡이 나타내는 값은 3000이므로

㉠이 나타내는 값은 ㉡이 나타내는 값의 100000배입니다.

9 1조 500억에서 2번 뛰어 센 수가 2조 500억으로 1조 커졌으므로 한 번에 5000억씩 뛰어 센 것입니다.

10 500억씩 10번은 5000억이므로 4조 2000억에서 거꾸로 5000억 뛰어 세면 3조 7000억입니다.

11 ①, ②, ③, ④: 1억

　⑤: 1000만

12 4654200000000 $\xrightarrow{100배}$ 465420000000000

　　조　억　만　일　　　　　조　억　만　일

13 1조가 24개이면 24조, 1만이 216개이면 216만입니다.

15 □ 안에 0 또는 9를 넣어 수의 크기를 비교해 봅니다.

・㉠의 □ 안에 가장 큰 수인 9를 넣어 비교해도 ㉠이 가장 작은 수입니다.

・㉡과 ㉢을 비교할 때, ㉡의 □ 안에 가장 작은 수인 0을 넣어 비교해도 ㉡＞㉢입니다.

⇨ ㉡＞㉢＞㉠

16 ㉠ 43810000000, ㉡ 43800000000

자리 수가 같으므로 높은 자리부터 차례로 비교합니다.

43810000000＞43800000000이므로

　　　　　 1＞0

㉠이 더 큰 수입니다.

17

149억	150억	151억

152억	153억

1 (2) 450200000000

　　　　 억　만　일

　(3) 581000300604000

　　　 조　억　만　일

4 (1) 940070025060이므로 0은 6개입니다.

　　　 억　만　일

　(2) 39060710500000이므로 0은 8개입니다.

　　　 조　억　만　일

정답과 풀이

2. 각도

step 1 개념 확인하기 32~33쪽

1 나

2 두 변의 벌어진 정도에 ○표

3 (1) 각도 (2) 90   **4** 80

5 예각, 둔각

6 (1) 예각 (2) 둔각 (3) 예각

7 (1) 둔각 (2) 예각 (3) 직각

---

1 각이 더 큰 것은 나입니다.

2 각의 크기는 변의 길이와 관계가 없습니다.

step 2 기본 유형 익히기 34~37쪽

유형1 다

1-1 (1) 나 (2) 가

1-2 다

1-3 다, 나, 가

1-4 (1) 가 (2) 라 (3) 아, 자, 사 (4) 라, 아

1-5

1-6 ㉡

유형2 1도, 1

2-1 (1) 90, 90 (2) 1 (3) 70

2-2 35°

2-3 (1) 140 (2) 100

2-4 ㉡

2-5 130

2-6

2-7 120, 60

유형3 (1) 가 (2) 다

3-1 3개

3-2

3-3 (1) 예 예각 (2) 예 둔각

3-4 (1) 각 ㄱㅇㄴ, 각 ㄷㅇㄹ
　　 (2) 각 ㄱㅇㄷ, 각 ㄴㅇㄷ, 각 ㄴㅇㄹ

3-5 2개

3-5 둔각

3-6 ③

3-7 (1) 둔각 (2) 예각

1-1 (2) 투명 종이에 가를 본뜬 다음 나에 겹쳐 보면 가가 더 많이 벌어집니다.

1-2 두 변이 가장 적게 벌어진 각은 다입니다.

1-3 두 변이 가장 많이 벌어진 각부터 차례로 쓰면 다, 나, 가입니다.

2-5 꼭짓점에 각도기의 중심을 맞추고, 각도기의 밑금을 각의 한 변에 맞춘 다음 다른 한 변이 닿은 눈금을 읽습니다.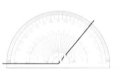

2-7 가장 큰 각은 각 ㄱㄹㄷ이고 가장 작은 각은 각 ㄴㄷㄹ입니다.

3-1 예각: 35°, 25°, 15°
　　 둔각: 160°, 110°, 95°

3-3 (1) 0°보다 크고 90°보다 작은 각을 그립니다.
　　 (2) 90°보다 크고 180°보다 작은 각을 그립니다.

3-6

시계의 긴바늘과 짧은바늘이 이루는 작은 쪽의 각은 직각보다 크고 180°보다 작으므로 둔각입니다.

3-7 ① 둔각 ② 직각 ③ 예각 ④ 둔각 ⑤ 둔각

3-8 (1)   (2)
　　 둔각　　　　　　 예각

8 ⑩ 35, 35　　　**9** 110°

10 95°

11 (1) 160　(2) 215　(3) 125　(4) 55

12 (1) 70°, 60°, 50°/180

　　 (2) 120°, 60°, 100°, 80°/360

13 (1) 55　(2) 30

14 65

---

13 (1) □=180°−(85°+40°)=55°

　　 (2) □=180°−(120°+30°)=30°

14 100°+90°+□+105°=360°,

　　 □=360°−(100°+90°+105°)=65°

유형4 ⑩ 60, 60

4-1 ⑩ 130, 130

4-2 (1) ㉢　(2) ㉡　(3) ⑩ 약 150°, 150°

유형5 115°

5-1 (1) 120　(2) 100

5-2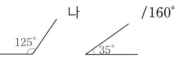

5-3 (1) 135　(2) 140

5-4 (1) =　(2) <

5-5 65°

5-6 (1) 50　(2) 55

5-7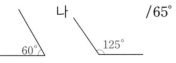

5-8 (1) 85　(2) 75

5-9 ㉡, ㉠, ㉢

5-10 65°

5-11 (왼쪽부터) 40, 140

유형6 180°

6-1 (1) 55　(2) 25

6-2 45°

6-3 80°

6-4 15°

6-5 135

6-6 105°

6-6 70°

유형7 360°

7-1 (1) 180　(2) 180　(3) 180, 360

7-2 (1) 115　(2) 53

7-3 125°

7-4 160

7-5 75°

7-6 115°

유형5 80°+35°=115°

참고 각도의 합을 구할 때에는 자연수의 덧셈과 같은 방법으로 계산한 다음 단위를 붙입니다.

5-2 가는 125°이고, 나는 35°이므로 두 각도의 합은 125°+35°=160°입니다.

5-4 (1) 55°+90°=145° ⊜ 80°+65°=145°

　　 (2) 120°+20°=140° ⊙ 65°+95°=160°

5-5 110°−45°=65°

참고 각도의 차를 구할 때에는 자연수의 뺄셈과 같은 방법으로 계산한 다음 단위를 붙입니다.

5-7 가는 60°이고, 나는 125°이므로 두 각도의 차는 125°−60°=65°입니다.

5-9 ㉠ 90°−15°=75°

　　 ㉡ 140°−60°=80°

　　 ㉢ 150°−85°=65°

5-10 25°+90°+㉠=180°, 115°+㉠=180°, ㉠=65°

5-11

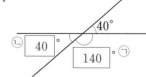

　　 ㉠=180°−40°=140°

　　 ㉡=180°−㉠=180°−140°=40°

6-1 (1) 180°−35°−90°=55°

　　 (2) 180°−115°−40°=25°

6-2 180°−60°−75°=45°

6-3 180°−53°−47°=80°

6-4 $45° - 30° = 15°$

6-5 $70° + 65° + ㉠ = 180°,\ ㉠ = 45°$
$\square = 180° - 45° = 135°$

6-6 $75° + ㉠ + ㉡ = 180°,\ ㉠ + ㉡ = 180° - 75° = 105°$

6-7 $㉡ = 180° - 140° = 40°$
$㉠ = 180° - 70° - 40° = 70°$

7-2 (1) $360° - 75° - 90° - 80° = 115°$
(2) $360° - 120° - 112° - 75° = 53°$

7-3 사각형의 네 각의 크기의 합은 360°이므로 나머지 한 각의 크기는
$360° - 40° - 75° - 120° = 125°$입니다.

7-4 사각형의 네 각의 크기의 합은 360°이므로
$85° + ㉠ + 115° + ㉡ = 360°$
$\Rightarrow ㉠ + ㉡ = 360° - 85° - 115° = 160°$

7-5 $90° + (50° + ㉠) + 75° + (70° + ㉡) = 360°$
$140° + ㉠ + 145° + ㉡ = 360°,\ ㉠ + ㉡ = 75°$

7-6 (각 ㄱㄹㄷ) $= 360° - 75° - 130° - 90° = 65°$
(각 ㄱㄹㅁ) $= 180° - 65° = 115°$

STEP 3 기본유형 다지기 44~49쪽

1 나, 다, 가
2 130°
3 55°
4 115°
5 5배
6 다
7 ㉠
8 ⑤
9 80°
10
11 둔각, 예각
12 ③, ⑤
13 ④
14 예각
15 바, 자
16 가, 나, 라, 아
17 다, 마, 사
18 1개
19

예각

예

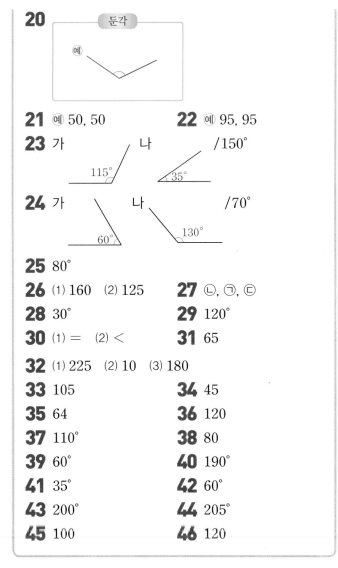

20

둔각

예

21 (예) 50, 50
22 (예) 95, 95
23 가 / 나 / 150° 115° / 35°
24 가 / 나 / 70° 60° / 130°
25 80°
26 (1) 160 (2) 125
27 ㉡, ㉠, ㉢
28 30°
29 120°
30 (1) = (2) <
31 65
32 (1) 225 (2) 10 (3) 180
33 105
34 45
35 64
36 120
37 110°
38 80
39 60°
40 190°
41 35°
42 60°
43 200°
44 205°
45 100
46 120

1 다를 기준으로 할 때, 가는 다보다 작고 나는 다보다 큽니다.

3 각의 꼭짓점에 각도기의 중심을 맞추고 각의 한 변에 각도기의 밑금을 맞춘 다음 다른 변이 맞닿은 눈금을 읽습니다.

5 각 ㄱㅇㄹ은 150°이고, 각 ㄴㅇㄷ은 30°이므로 5배입니다.

6 가: 직각 나: 둔각 다: 예각

7 ㉠ 둔각 ㉡ 직각 ㉢ 직각 ㉣ 예각

8 ① ② ③ ④ ⑤

다른 풀이

시계의 긴바늘이 한 바퀴 도는 각도가 360°이므로

숫자와 숫자 1칸 사이는 $360°÷12=30°$입니다.
① $60°$, ② $120°$, ③ $180°$, ④ $90°$, ⑤ $30°$

9 변의 길이가 짧아서 각도기의 눈금을 읽기 어려울 때는 변의 길이를 길게 연장해서 눈금을 읽어 봅니다.

14 시계는 5시이므로 30분 후는 5시 30분입니다.
5시 30분에 두 바늘이 이루는 작은 쪽의 각은 예각입니다.

23 가는 $115°$이고, 나는 $35°$이므로 두 각도의 합은
$115°+35°=150°$입니다.

24 가는 $60°$이고, 나는 $130°$이므로 두 각도의 차는
$130°-60°=70°$입니다.

25 $110°-30°=80°$

27 ㉠ $60°$ ㉡ $70°$ ㉢ $55°$

28 $90°-60°=30°$

29 $90°+30°=120°$

31 일직선이 이루는 각은 $180°$이므로
$□=180°-80°-35°=65°$

37 삼각형의 세 각의 크기의 합은 $180°$이므로
$㉮+㉯+70°=180°$, $㉮+㉯=180°-70°=110°$
입니다.

38 $75°+(180°-□)+100°+85°=360°$,
$□=75°+180°+100°+85°-360°=80°$

39 직각을 똑같이 3개로 나누었으므로
$(각 ㄱㅇㄴ)=90°÷3=30°$
따라서 $(각 ㄴㅇㄹ)=30°+30°=60°$입니다.

40 $35°+㉠+20°=180°$,
$㉠=180°-(35°+20°)=125°$
$120°+90°+85°+㉡=360°$,
$㉡=360°-(120°+90°+85°)=65°$
따라서 $㉠+㉡=125°+65°=190°$입니다.

41 $180°-90°-55°=35°$

42 $180°-120°=60°$

43 $90°+70°+㉠+㉡=360°$,
$㉠+㉡=360°-160°=200°$

44 $㉠+㉡=360°-45°-110°=205°$

45 $70°+90°+(180°-80°)+□=360°$,
$□=360°-260°=100°$

46 $□+53°+120°+(180°-113°)=360°$,
$□=360°-240°=120°$

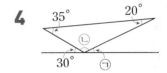

1 $60°$

2 각 ㄴㅇㄹ, 각 ㄷㅇㅁ, 각 ㄹㅇㅂ

3 $100°$　　　　**4** $25°$

5 2개　　　　**6** $52°$

7 (1) $70°$　(2) $115°$　　**8** 100

9 $720°$　　　　**10** 8개

11 $30°$　　　　**12** $110°$

13 $75°$　　　　**14** ㉮: $120°$, ㉯: $15°$

15 60　　　　**16** 125

1 직각은 $90°$이고, $90°$를 6등분 한 것이므로 가장 작은 각의 크기는 $90°÷6=15°$입니다. 따라서 각 ㄴㅇㅂ은 $15°$인 각이 4개 모인 각이므로
각 ㄴㅇㅂ의 크기는 $15°+15°+15°+15°=60°$입니다.

3 문을 $180°-30°=150°$만큼 열어 놓으려 하므로
$150°-50°=100°$만큼 더 열면 됩니다.

4

$35°$　　　$20°$
㉡
$30°$　　㉠

삼각형의 세 각의 크기의 합은 $180°$이므로
$㉡=180°-35°-20°=125°$
직선은 $180°$이므로 $㉠=180°-30°-125°=25°$

5

㉠　㉡　㉢
㉣　㉤　㉥

둔각은 ㉠과 ㉢으로 2개입니다.

6 직선에서 이루어지는 각도가 $180°$이므로
$38°+㉠+35°=180°$, $㉠+73°=180°$,
$㉠=180°-73°=107°$
$90°+㉡+35°=180°$, $125°+㉡=180°$,
$㉡=180°-125°=55°$
$⇨ ㉠-㉡=107°-55°=52°$

7 (1) $㉠=180°-110°=70$,
$㉡=180°-140°=40$
이므로
$□=180°-70°-40°$
$=70°$입니다.

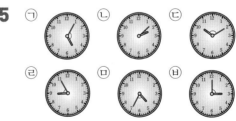

70°
$110°$　㉠　　㉡　$140°$

(2) ㉠ $=360°-125°$
        $-90°-80°$
    $=65°$

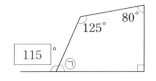

이므로
□ $=180°-65°=115°$
입니다.

8

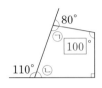

㉠ $=180°-80°=100°$,
㉡ $=180°-110°=70°$
이므로
□ $=360°-(100°+70°+90°)$
    $=360°-260°=100°$

9 도형을 4개의 삼각형으로 나누어 생각할 수 있습니다. 삼각형의 세 각의 크기의 합이 $180°$이므로 여섯 개의 각도의 합은 $180°×4=720°$입니다.

다른 풀이

2개의 사각형으로 나누어 생각하면 $360°×2=720°$입니다.

10 예각은 각 ㄱㅇㄴ, 각 ㄴㅇㄷ, 각 ㄷㅇㄹ, 각 ㄹㅇㅁ, 각 ㅁㅇㅂ, 각 ㄴㅇㄹ, 각 ㄷㅇㅁ, 각 ㄹㅇㅂ입니다.
따라서 예각은 모두 8개입니다.

11 가 시계에서 시계의 두 바늘이 이루는 작은 쪽의 각은 $30°×5=150°$이고,
나 시계에서 시계의 두 바늘이 이루는 작은 쪽의 각은 $30°×4=120°$입니다.
따라서 $150°-120°=30°$입니다.

12

• (각 ㄴㄱㄷ) $=180°-100°=80°$,
  (각 ㄱㄴㄷ) $=180°-150°=30°$
• (각 ㄱㄷㄴ) $=180°-80°-30°=70°$,
  ㉮ $=180°-70°=110°$

13

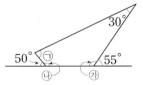

직선은 $180°$이므로 ㉮는 $180°-55°=125°$, ㉯는 $180°-50°=130°$입니다.
사각형의 네 각의 크기의 합은 $360°$이므로 ㉠은 $360°-130°-125°-30°=75°$입니다.

14 ㉮ $=180°-60°=120°$,
    ㉯ $=180°-30°-135°=15°$

15

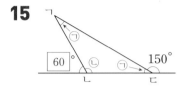

㉠ $=180°-150°=30°$,
㉡ $=180°-30°-30°=120°$
⇨ □ $=180°-120°=60°$

16

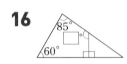

$85°+60°+90°+$□$=360°$
□ $=360°-(85°+60°+90°)$
    $=125°$

---

step 5 응용실력 높이기 54~57쪽

1 $75°$	**2** 6개
3 $55°$	
4 ㉮: $100°$, ㉯: $150°$, ㉰: $230°$	
5 $106°$	**6** $90°$
7 $35°$	**8** $47°$
9 $42°$	**10** $360°$
11 $270°$	**12** $64°$
13 $55°$	**14** $70°$
15 $360°$	**16** $12°$

1 삼각형의 세 각의 크기의 합은 $180°$이므로
삼각형 ㄱㄴㄷ에서 ㉡$+60°+45°=180°$입니다.
㉡ $=180°-105°=75°$입니다.
따라서 ㉠ $=$ ㉡ $=75°$입니다.

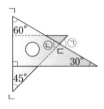

2 작은 각의 크기는 $180°÷6=30°$입니다. $30°$인 각이 6개, $60°$인 각이 5개이므로 찾을 수 있는 크고 작은 예각은 모두 $6+5=11$(개)입니다.

둔각은 $120°$짜리가 3개, $150°$짜리가 2개이므로 5개입니다.

따라서 예각과 둔각의 개수의 차는 $11-5=6$(개)입니다.

3 직선에서 이루어지는 각도가 $180°$이므로
(각 ㄱㅇㄹ)$+$(각 ㄴㅇㅁ)$-$(각 ㄴㅇㄹ)$=180°$입니다.
$125°+135°-$(각 ㄴㅇㄹ)$=180°$,
$260°-$(각 ㄴㅇㄹ)$=180°$,
(각 ㄴㅇㄹ)$=260°-180°=80°$입니다.
(각 ㄴㅇㄷ)$=$(각 ㄴㅇㄹ)$-$(각 ㄷㅇㄹ)
$\qquad\qquad =80°-25°=55°$

4 • ㉮$=180°-30°-50°$
$\qquad =100°$
• ㉯$=180°-30°=150°$
• ㉰$=50°+180°=230°$

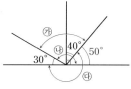

5

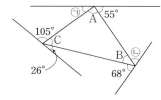

삼각형에서의 세 각을 그림과 같이 A, B, C라고 하면 직선에서 이루어지는 각도가 $180°$이므로
$C=180°-105°-26°=49°$입니다.
삼각형의 세 각의 크기의 합은 $180°$이므로
$A+B=180°-49°=131°$입니다.
㉠$+A+55°+$㉡$+B+68°=180°+180°=360°$
이므로 ㉠$+$㉡$=360°-55°-68°-131°=106°$
입니다.
따라서 각 ㉠과 ㉡의 각도의 합은 $106°$입니다.

6 직선에서 이루어지는 각도가 $180°$이므로
㉡$=180°-105°=75°$입니다.
삼각형의 세 각의 크기의 합은 $180°$이므로
$75°+65°+$㉡$=180°$, ㉡$=180°-140°=40°$입니다. 따라서 $50°+40°+$㉠$=180°$, ㉠$=90°$입니다.

7 직선에서 이루어지는 각도가 $180°$이므로 ㉡$=180°-70°=110°$이고 ㉢$=180°-85°=95°$입니다.
사각형의 네 각의 크기의 합은 $360°$이므로 ㉢$+75°+95°+110°=360°$, ㉢$=360°-280°=80°$입니다.
따라서 ㉠$=80°-45°=35°$입니다.

8 ㉠$=$㉡$+77°$, ㉢$=$㉡$+19°$이므로
㉠$+$㉡$+$㉢$=$㉡$+77°+$㉡$+$㉡$+19°=180°$
㉡$+$㉡$+$㉡$=180°-77°-19°=84°$이므로

㉡$=28°$입니다.
따라서 ㉠$=28°+77°=105°$, ㉢$=28°+19°=47°$
이므로 두 번째로 큰 각의 크기는 $47°$입니다.

9 삼각형 ㄱㄴㄷ에서
(각 ㄴㄱㄷ)$=180°-90°-24°=66°$이고,
접은 부분의 각의 크기는 같으므로
(각 ㄹㄱㄷ)$=$(각 ㅂㄱㄷ)$=90°-66°=24°$입니다.
따라서
㉮$=$(각 ㄴㄱㄷ)$-$(각 ㅂㄱㄷ)$=66°-24°=42°$입니다.

10

㉮$+$■$+$㉯$+$▲$+$㉰$+$●
$=180°+180°+180°=540°$
㉮$+$㉯$+$㉰$+$■$+$▲$+$●$=540°$
■$+$▲$+$●$=180°$ 이므로
㉮$+$㉯$+$㉰$=540°-180°=360°$입니다.

11

(㉮$+$㉠)$+$(㉯$+$㉡)$+$(㉰$+$㉢)$=180°×3=540°$,
㉠$+$㉡$+$㉢$=360°-90°=270°$이므로
㉮$+$㉯$+$㉰$=540°-($㉠$+$㉡$+$㉢$)$
$\qquad\qquad\qquad =540°-270°=270°$입니다.

12 사각형 ㄱㄴㄷㄹ에서
$113°+91°+$(각 ㄴㄷㄹ)$+$(각 ㄱㄹㄷ)$=360°$,
(각 ㄴㄷㄹ)$+$(각 ㄱㄹㄷ)$=360°-204°=156°$,
(각 ㄴㄷㄹ)$=$(각 ㄱㄹㄷ)이므로 (각 ㄱㄹㄷ)$=78°$입니다.
삼각형 ㅁㄹㅂ에서
$28°+$(각 ㅁㄹㅂ)$+$(각 ㅁㅂㄹ)$=180°$,
(각 ㅁㄹㅂ)$+$(각 ㅁㅂㄹ)$=152°$, (각 ㅁㄹㅂ)$=76°$
입니다.
(각 ㄱㄹㅅ)$=180°-78°-76°=26°$이므로
삼각형 ㄱㄹㅅ에서
(각 ㄹㄱㅅ)$=180°-90°-26°=64°$입니다.

13 (각 ㄷㄹㅁ)$=180°-60°=120°$,
(각 ㄴㄹㄱ)$=360°-(90°+120°+70°)=80°$,
(각 ㄱㅂㅁ)$=180°-25°-(180°-80°)=55°$

14 (각 ㄱㄴㄷ)$=(360°-110°-110°)÷2$
$\qquad\qquad\qquad =140°÷2$

$$=70°$$

15

ㄷ+ㅂ+①=180°,

㉠+㉡+㉣+②+③+㉢=360°

➡ ㉠+㉡+㉣+②+③+㉢+ㄷ+ㅂ+①
 =360°+180°=540°

①+②+③=180°이므로

㉠+㉡+㉢+㉣+㉤+ㅂ=540°−180°=360°

16 ⬠의 다섯 개의 각의 크기의 합은 540°이고 다섯 개의 각의 크기가 모두 같으므로 한 각의 크기는 540°÷5=108°입니다.

⬡의 여섯 개의 각의 크기의 합은 720°이고 여섯 개의 각의 크기가 모두 같으므로 한 각의 크기는 720°÷6=120°입니다.

따라서 ㉠=120°−108°=12°입니다.

단원평가
58~60쪽

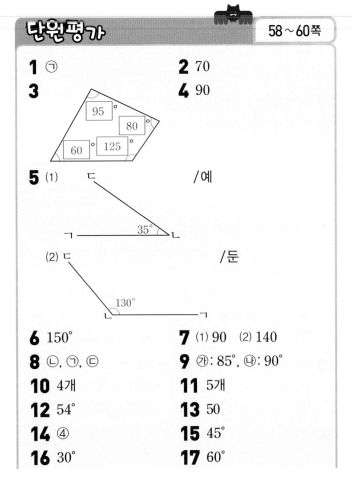

1 ㉠

2 70

3

4 90

5 (1) ㄷ ╱예

ㄱ 35° ㄴ

(2) ㄷ ╱둔

130°

6 150°

7 (1) 90 (2) 140

8 ㉡, ㉠, ㉢

9 ㉮: 85°, ㉯: 90°

10 4개

11 5개

12 54°

13 50

14 ④

15 45°

16 30°

17 60°

18 ⑩ ㉰=180°−90°=90°이고, 사각형의 네 각의 크기의 합은 360°이므로

㉮+㉯+55°+90°=360°에서

㉮+㉯=360°−55°−90°=215°입니다.

19 나머지 한 각의 크기는 180°−50°−60°=70°입니다. 따라서 예각입니다.

20 삼각형 ㄱㄷㄹ에서

(각 ㄱㄷㄹ)=180°−70°−45°=65°입니다.

직선에서 이루어지는 각도가 180°이므로

(각 ㄱㄷㄴ)=180°−65°−40°=75°입니다.

(각 ㄱㄴㄷ)=(각 ㄱㄷㄴ)=75°이므로

(각 ㄴㄱㄷ)=180°−75°−75°=30°입니다.

6 시계의 긴바늘과 짧은바늘이 이루는 작은 쪽의 각의 크기는 30°×5=150°입니다.

7 (1) 25°+65°=90°
 (2) 180°−40°=140°

8 ㉠ 130° ㉡ 135° ㉢ 125°

9 • ㉮=180°−55°−40°=85°
 • ㉯=360°−80°−90°−100°=90°

10 찾을 수 있는 크고 작은 예각은
 각 ㄱㅇㄴ, 각 ㄷㅁㅇ, 각 ㄱㅇㅁ, 각 ㄷㅇㅁ입니다.

11 찾을 수 있는 크고 작은 둔각은
 각 ㄱㅇㄷ, 각 ㄱㅇㄹ, 각 ㄴㅇㄷ, 각 ㄴㅇㄹ, 각 ㄴㅇㅁ입니다.

12 가장 작은 한 각의 크기는 90°÷5=18°입니다.
 따라서 각 ㄴㅇㄷ의 크기는 18°×3=54°입니다.

13 (각 ㄴㄷㄱ)=(각 ㄴㄱㄷ)=180°−115°=65°
 따라서 □=180°−65°−65°=50°입니다.

14 ①, ②, ③, ⑤: 둔각
 ④: 예각

15 • (각 ㄱㄷㄴ)=180°−75°−65°=40°
 • (각 ㅂㄷㄹ)=360°−105°−80°−80°=95°
 • (각 ㄱㄷㅂ)=180°−40°−95°=45°

16 ㉠ 100° ㉡ 70°
 따라서 ㉠과 ㉡의 각도의 차는 100°−70°=30°

17 • (각 ㅂㄱㅁ)=(각 ㅁㄱㄹ)=30°
 • (각 ㄴㄱㄷ)=90°−(30°+30°)=30°
 • (각 ㄱㄷㄴ)=180°−(90°+30°)=60°

3. 곱셈과 나눗셈

step 1 개념 확인하기

62~63쪽

1 (1) 12800 (2) 24000 (3) 20000

2 (1) 8220 (2) 38520

3 40, 680, 5440, 6120

4 (1) 550, 825, 8800 (2) 2586, 6034, 62926

5 (1) 3 (2) 5, 350

6 70, 84, 98/6, 84, 8

7 9, 306, 9/9, 306/306, 9, 315

8 47, 126, 6

9 (1) ÷, 20 (2) ×, 70

5 (2) 나눗셈에서 나머지는 나누는 수보다 항상 작아야
합니다.

step 2 기본 유형 익히기 64~69쪽

유형1 740, 7400

1-1 (1) 5720 (2) 10740

1-2 (1) 14670 (2) 15700

1-3 (1) 8000 (2) 9600 (3) 30000 (4) 60800

유형2 30, 1715, 7350, 9065

2-1 (1) 3, 1086, 14480, 15566

(2) 1086, 14480, 15566

2-2
(1)
```
    2 5 1
  ×   3 1
    2 5 1
  7 5 3
  7 7 8 1
```
(2)
```
    3 8 5
  ×   7 4
  1 5 4 0
  2 6 9 5
  2 8 4 9 0
```

2-3 (1) 17892 (2) 42228

2-4 ㉠, ㉡, ㉢

2-5 400, 70, 28000/
```
      3 9 8
  ×     6 9
    3 5 8 2
  2 3 8 8
  2 7 4 6 2
```

2-6 예 304는 300보다 크고, 32는 30보다 크므로 계
산 결과는 9000보다 클 거야.

유형3 (1) 2, 2 (2) 3, 3

3-1 (1) 7, 280 (2) 5, 150

3-2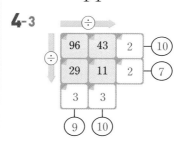

3-3 300÷60에 ○표

유형4 3, 90, 5

4-1 60, 76, 90/5, 75, 9/5

4-2
(1)
```
        3
  27)8 4
    8 1   /27×3=81, 81+3=84
        3
```
(2)
```
        6
  14)9 5
    8 4   /14×6=84, 84+11=95
    1 1
```

4-3

유형5 (1) 9, 171, 7 (2) 7, 175, 13

5-1 (1) 7에 ○표 (2) 9에 ○표

5-2 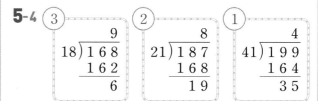 **5-3** ㉡

5-4
```
③                ②               ①
        9               8                4
  18)1 6 8      21)1 8 7       41)1 9 9
    1 6 2         1 6 8          1 6 4
        6           1 9            3 5
```

5-5
(1)
```
        9
  82)8 0 9
    7 3 8   /82×9=738, 738+71=809
      7 1
```
(2)
```
        7
  43)3 1 5
    3 0 1   /43×7=301, 301+14=315
      1 4
```

3. 곱셈과 나눗셈 • **15**

5-6

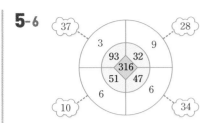

원 안: 93 32 316 51 47
주변: 37, 28, 3, 9, 6, 6, 10, 34

5-7 <

유형6 12, 36, 72, 72, 0/12, 432

6-1 560, 840/20, 30

6-2 ㉠, ㉢

6-3
$$\begin{array}{r} 37 \\ 18\overline{)666} \\ 54 \\ \hline 126 \\ 126 \\ \hline 0 \end{array}$$
/18×37=666

6-4 ㉡, ㉠, ㉢

6-5 ㉡, ㉢, ㉠

6-6 <

6-7 510÷30=17/17

유형7 15, 24, 138, 120, 18/15, 360/360, 18, 378

7-1 (1)
$$\begin{array}{r} 14 \\ 64\overline{)939} \\ 64 \\ \hline 299 \\ 256 \\ \hline 43 \end{array}$$
/64×14=896, 896+43=939

(2)
$$\begin{array}{r} 11 \\ 38\overline{)446} \\ 38 \\ \hline 66 \\ 38 \\ \hline 28 \end{array}$$
/38×11=418, 418+28=446

7-2 (선으로 연결)

7-3 ㉠   **7-4** ㉡, ㉢, ㉠

7-5 <

7-6 42×18=756, 756+24=780/780

7-7 405÷35=11 … 20/12

유형8 (1) 750÷40=16 … 14/16
(2) 135×46=6210/6210

8-1 (1) 346×21=7266/7266
(2) 346÷24=14 … 10/15

8-2 (1) 570÷32=17 … 26/17
(2) 950×17=16150/16150

1-1 참고
(세 자리 수)×(몇십)의 계산은 (세 자리 수)×(몇)을 계산한 다음, 0을 한 개 붙입니다.

1-2 (1)
$$\begin{array}{r} 489 \\ \times\ \ 30 \\ \hline 14670 \end{array}$$
(2)
$$\begin{array}{r} 314 \\ \times\ \ 50 \\ \hline 15700 \end{array}$$

1-3 (몇)×(몇) 또는 (몇십몇)×(몇)을 계산한 다음, 그 곱의 결과에 곱하는 두 수의 0의 개수만큼 0을 씁니다.

2-3 (1)
$$\begin{array}{r} 426 \\ \times\ \ 42 \\ \hline 852 \\ 1704\ \ \\ \hline 17892 \end{array}$$
(2)
$$\begin{array}{r} 459 \\ \times\ \ 92 \\ \hline 918 \\ 4131\ \ \\ \hline 42228 \end{array}$$

2-4 ㉠ 56943 ㉡ 52002 ㉢ 7416

3-2
· 120÷30=4   · 350÷70=5
· 450÷90=5   · 240÷60=4
· 320÷40=8   · 560÷70=8

3-3
· 120÷20=6
· 630÷90=7
· 300÷60=5

유형4 95보다 작은 수 중에서 가장 가까운 곱이 30×3=90이므로 몫을 3으로 하여 계산합니다.

5-2
· 161÷30=5…11
· 443÷70=6…23
· 215÷50=4…15

5-3
㉠ 279÷90=3…9
㉡ 151÷20=7…11   ⇨ 9<11

5-6 316÷32=9…28, 316÷47=6…34
316÷51=6…10, 316÷93=3…37

5-7 350÷58=6…2, 200÷27=7…11

6-1 560÷28=20, 840÷28=30이고
625는 560과 840 사이의 수이므로
625÷28의 몫은 20보다 크고 30보다 작습니다.

6-2 나누어지는 수의 앞 두 자리가 나누는 수보다 큰 경우를 찾습니다.
㉠ 173÷11   ㉢ 943÷23
   17>11   94>23

6-4 ㉠ 33, ㉡ 41, ㉢ 29

6-6 768÷24=32, 774÷18=43

7-2 $239 \div 21 = 11 \cdots 8$, $455 \div 32 = 14 \cdots 7$
$362 \div 14 = 25 \cdots 12$

7-3 ㉠ $271 \div 23 = 11 \cdots 18$
㉡ $519 \div 34 = 15 \cdots 9$

7-4 ㉠ $428 \div 33 = 12 \cdots 32$
㉡ $659 \div 28 = 23 \cdots 15$
㉢ $720 \div 35 = 20 \cdots 20$

7-5 • $520 \div 25 = 20 \cdots 20$
• $684 \div 31 = 22 \cdots 2$

7-7 $405 \div 35 = 11 \cdots 20$이므로 $11 + 1 = 12$(대)가 있어야 학생 모두가 버스를 탈 수 있습니다.

step 3 기본유형 다지기   70~75쪽

1 1280, 12800, 10/1280, 12800, 10

2 1180, 11800, 10/1180, 11800, 10

3 (1) 25500   (2) 14000

4 30

5 ✕ (교차)

6 ㉠

7 <

8 15000 mL

9 40, 1350, 10800, 12150

10 2496, 12480, 14976/2496/12480

11 1140, 15200, 16340

12 (1)
```
      8 2 7
    ×   5 2
    ─────────
    1 6 5 4
    4 1 3 5
    ─────────
    4 3 0 0 4
```
(2)
```
      7 3 5
    ×   8 3
    ─────────
    2 2 0 5
    5 8 8 0
    ─────────
    6 1 0 0 5
```

13 ㉣, ㉠, ㉢, ㉡

14 41588원

15 17835

16
```
      8 0 7
    ×   3 3
    ─────────
    2 4 2 1
    2 4 2 1
    ─────────
    2 6 6 3 1
```

17 28728원

18 54432원

19 83160원

20 9900원

21 예 298은 300보다 작고, 28은 30보다 작으므로 계산 결과는 9000보다 작을 거야.

22 120, 160, 200/4

23 (1) 9   (2) 6
(3)
```
        8
  70) 5 6 0
     5 6 0
     ───────
         0
```
(4)
```
        7
  90) 6 3 0
     6 3 0
     ───────
         0
```

24 ㉡, ㉢, ㉠, ㉣

25
```
        5
  90) 4 5 0
     4 5 0    /90×5=450
     ───────
         0
```

26 ✕ (교차)

27 ㉡

28 $236 \div 30 = 7 \cdots 26 / 8$

29 7에 ○표

30 (1) 3, 66, 6   (2) 5, 175, 5

31
```
        6
  27) 1 8 8
     1 6 2    /27×6=162, 162+26=188
     ───────
         2 6
```

32 ㉡, ㉢, ㉠

33 $286 \div 33 = 8 \cdots 22 / 8$

34
```
        8
  46) 3 6 9
     3 6 8
     ───────
         1
```

35 (1) <   (2) <

36 148

37 8줄, 24명

38 ②, ⑤

39 ㉡, ㉢, ㉠

40 366

41 27모둠

42 959

43
```
        1 1
  58) 6 7 2
     5 8
     ───────
       9 2
       5 8    /58×11=638, 638+34=672
     ───────
       3 4
```

44 ㉢, ㉠, ㉡

45 865, 24, 몫: 36, 나머지: 1

46 26상자

47 19상자

48 10개

6 ㉠ 25000 ㉡ 10400 ㉢ 9750

7 ・438×60=26280
　・360×80=28800

8 500×30=15000(mL)

13 ㉠ 45700 ㉡ 14240 ㉢ 35836 ㉣ 47466

14 562×74=41588(원)

15 가장 작은 세 자리 수를 만들면 205이고, 가장 큰 두 자리 수를 만들면 87입니다. 따라서 두 수의 곱을 구하면 205×87=17835입니다.

17 756×38=28728(원)

18 756×72=54432(원)

19 28728+54432=83160(원)

20 450×22=9900(원)

24 ㉠: 6, ㉡: 4, ㉢: 5, ㉣: 7

27 ㉠ 245÷30=8…5
　㉡ 287÷40=7…7

28 236÷30=7…26이므로 동민이는 236쪽인 동화책을 7+1=8(일) 동안 읽어야 합니다.

32 ㉠ 58÷13=4…6
　㉡ 123÷27=4…15
　㉢ 324÷45=7…9

33 286÷33=8…22이므로 8상자를 만들고 22개가 남습니다.

34 나머지가 나누는 수보다 크므로 잘못 계산하였습니다.

35 (1) 190÷26=7…8, 450÷50=9
　(2) 729÷66=11…3, 342÷24=14…6

36 □=17×8+12=136+12=148

37 224÷25=8…24이므로 25명씩인 줄은 8줄이고, 마지막 줄에는 24명이 섭니다.

38 나누는 수가 나누어지는 수의 왼쪽 두 자리 수와 같거나 작은 나눗셈을 찾습니다.

40 확인식: (나누어지는 수)=(나누는 수)×(몫)+(나머지)
　어떤 수를 □라고 하면 □÷21=17…9이므로
　□=21×17+9=357+9=366입니다.

41 405÷15=27(모둠)

42 589÷37=15…34이므로
　□÷37=25…34입니다.

따라서 □=37×25+34=925+34=959입니다.

다른 풀이
나누는 수가 37이고 몫이 10이 크려면 나누어지는 수는 7×10=370이 더 커야 합니다.
따라서 나누어지는 수는 589+370=959입니다.

44 ㉠ 624÷23=27…3
　㉡ 830÷51=16…14
　㉢ 528÷18=29…6

45 몫이 가장 크려면 나누어지는 수는 크고, 나누는 수는 작아야 합니다.
　865÷24=36…1

46 393÷15=26…3이므로 26상자까지 팔 수 있습니다.

47 563÷30=18…23이므로 18+1=19(상자) 샀습니다.

48 208÷18=11…10이므로 먹은 사탕은 10개입니다.

---

step 4 응용실력기르기 76~79쪽

1 동민, 22800원	**2** 7, 5, 6, 5
3 74200원	**4** 27938개
5 3752 cm	**6** 68915개
7 72485	**8** 9656
9 91	**10** 12장
11 배, 2상자	**12** 494
13 736, 767	**14** 2, 2, 51
15 857	**16** 2, 1, 9

1 ・500원짜리 동전 82개: 82×500=41000(원)
　・100원짜리 동전 638개: 638×100=63800(원)
　・따라서 동민이의 저금통에 들어 있는 돈이
　63800-41000=22800(원) 더 많습니다.

2
```
      1  3  7㉠
   ×  ㉡ 5  5
      6  8  5
 ㉢ 6  8  5
  7㉣ 5  3  5
```
13㉠×5=685 ⇨ 685÷5=137, ㉠=7
137×㉡=㉢85에서 일의 자리의 숫자가 5이므로

ⓛ=5, 137×5=685에서 ⓒ=6
685＋6850=7535=7ⓔ35, ⓔ=5

3 어른들의 입장료와 어린이들의 입장료를 각각 구한
후 더합니다.
  • (어른 20명의 입장료)=950×20=19000(원)
  • (어린이 92명의 입장료)=600×92=55200(원)
  따라서 19000＋55200=74200(원)입니다.

4 3월은 31일, 4월은 30일까지 있으므로 3월과 4월은
31＋30=61(일)입니다.
따라서 두 달 동안 만든 인형은 모두
458×61=27938(개)입니다.

5 • (색 테이프 150장 전체의 길이)
   =150×27=4050(cm)
  • (겹쳐서 줄어든 길이)=2×(150－1)=298(cm)
  • (150장을 이은 길이)=4050－298=3752(cm)

6 1주일은 7일이므로 7일 동안 사용되는 부속품은 모
두 895×11×7=895×77=68915(개)입니다.

7 곱이 가장 큰 곱셈식을 만들려면 숫자 카드 중 큰 수
인 9와 7이 곱하는 수와 곱해지는 수의 맨 앞에 놓여
야 합니다.
963×75=72225, 953×76=72428
763×95=72485, 753×96=72288
따라서 가장 큰 곱은 763×95=72485입니다.

8 (어떤 수)÷34=8…12,
(어떤 수)=34×8+12=272＋12=284
바르게 계산하면 284×34=9656입니다.

9 나머지는 나누는 수보다 작아야 하므로 나올 수 있는
나머지는 1, 2, …, 13입니다.
따라서 나올 수 있는 나머지를 모두 합하면
1＋2＋3＋…＋11＋12＋13=91입니다.

10 96÷18=5…6이므로 한 명에게 5장씩 나누어 주면
6장이 남습니다. 따라서 색종이가 남지 않게 똑같이
나누어 주려면 적어도 18－6=12(장)의 색종이가
더 필요합니다.
> **다른 풀이**
> 한 명에게 5장씩 나누어 주면 색종이가 남으므로 한
> 명에게 1장씩 더 주어 6장씩 나누어 주면 됩니다. 남
> 지 않게 하려면 18×6=108(장)이 있어야 하므로
> 108－96=12(장)이 더 필요합니다.

11 사과는 624÷24=26(상자)이고,
배는 392÷14=28(상자)이므로

배가 28－26=2(상자) 더 많습니다.

12 500÷38=13…6이므로 500에서 나머지 6을 뺀
수를 38로 나누면 나누어떨어집니다.
따라서 나누어떨어지는 수 중 500보다 작은 가장 큰
수는 500－6=494입니다.

13 나머지가 0일 때 가는 가장 작으므로
가=32×23=736,
나머지가 32－1=31일 때 가는 가장 크므로
가=32×23＋31=736＋31=767입니다.

15 □는 33×25=825보다 크거나 같고,
33×26=858보다 작아야 합니다.
따라서 □ 안에 들어갈 수 중에서 가장 큰 수는 857
입니다.
> **다른 풀이**
> 나누어지는 수가 가장 큰 수가 되는 경우는 나머지가
> 가장 클 때입니다. 나누는 수가 33이므로 나올 수 있
> 는 가장 큰 나머지는 32입니다.
> 따라서 □÷33=25…32이므로
> □=33×25＋32=825＋32=857입니다.

16 52□의 □ 안에 0을 넣으면 520÷27=19…7이고
52□의 □ 안에 9를 넣으면 529÷27=19…16이
므로 몫은 19입니다.
확인식을 이용하면 나누어지는 수는
27×19＋9=513＋9=522입니다.

---

step 5 응용실력 높이기 [80~83쪽]

1 29개	**2** 16
3 12개	**4** 927
5 74075 m	**6** 10권
7 54	**8** 996
9 2, 8, 6, 6, 4, 2, 5, 6, 2, 5, 6	
10 7, 8, 9	**11** 550
12 32개	**13** 8개
14 7월 22일	**15** 5개
16 56그루	

1 61×7×6=2562, 24×108=2592이므로 □ 안
에 들어갈 수 있는 네 자리 수는 2563부터 2591까
지 2591－2563＋1=29(개)입니다.

2 7㉠8×㉡에서 일의 자리 숫자가 8이 나올 수 있는 경우 ㉡은 1 또는 6입니다. 1일 경우 7㉠8과 곱하였을 때 43㉢8이 나올 수 없습니다. ⇨ ㉡=6입니다. 7㉠8×6에서 받아올림을 생각하여 43㉢8이 되려면 ㉠에 들어갈 수 있는 숫자는 1 또는 2입니다. ㉠이 2인 경우 ㉢이 6이 되어 곱의 십의 자리 숫자인 6이 될 수 없으므로 ㉠=1, ㉢=0입니다. 따라서 ㉠+㉡+㉢+㉣+㉤=1+6+0+3+6=16입니다.

$$\begin{array}{r} 7\ 1\ 8 \\ \times\quad 2\ 6 \\ \hline 4\ 3\ 0\ 8 \\ 1\ 4\ 3\ 6\quad \\ \hline 1\ 8\ 6\ 6\ 8 \end{array}$$

⇨ ㉠=1, ㉡=6, ㉢=0, ㉣=3, ㉤=6

3 24개씩 17상자를 포장하면 필요한 곶감의 개수는 24×17=408(개)입니다.
곶감이 840개 있으므로 24개들이 상자에 포장하고 남은 곶감의 개수는 840−408=432(개)입니다.
따라서 432÷36=12이므로 36개들이 상자는 12개가 필요합니다.

4 세 자리 수를 ■라 하고 나머지를 ▲라 하면
■÷32=28…▲이고 나누어떨어지지 않으므로
■는 32×28=896보다 크고 32×29=928보다 작습니다.
따라서 숫자 카드로 만들 수 있는 세 자리 수는 897, 923, 927이므로 가장 큰 수는 927입니다.

5 • 2시간=60분×2=120분
• (걸어서 간 거리)=75×25=1875(m)
• (버스를 타고 간 거리)=760×95=72200(m)
• (이동한 전체 거리)=1875+72200=74075(m)

6 • (방학 동안 읽은 책의 쪽수)=23×40=920(쪽)
• (읽은 책의 수)=920÷92=10(권)

7 ㉠㉡㉢÷㉣㉤과 같은 (세 자리 수)÷(두 자리 수)에서
㉠㉡>㉣㉤, ㉠㉡=㉣㉤ ⇨ 몫이 두 자리 수
㉠㉡<㉣㉤ ⇨ 몫이 한 자리 수

8 999÷26=38…11이므로 세 자리 수 중에서 26으로 나누었을 때 가장 큰 몫은 38입니다.
따라서 구하려고 하는 세 자리 수는 26×38+8=988+8=996입니다.

9 ㉽㉾㉿=㉫㉬㉭=32×8=256이므로 ㉭=6, ㉵=4입니다.
㉵=4이므로 32×㉠=㉣4에서 ㉠=2, ㉣=6입니다.
㉣=6이므로 ㉡=8입니다.

$$\begin{array}{r} \qquad\ ㉠8 \\ 32\overline{)㉡\ 9\ ㉢} \\ \underline{㉣㉤}\quad \\ ㉥㉦ \\ \underline{㉧㉨㉩} \\ ㉪㉫㉬ \\ \underline{㉭㉮㉯} \\ 0 \end{array}$$

10 몫이 7이고, 나머지는 0부터 37까지의 수가 될 수 있으므로 2□3은
38×7=266부터 38×7+37=303까지의 수의 범위로 생각할 수 있습니다.
따라서 □ 안에 들어갈 수 있는 숫자는 7, 8, 9입니다.

11 어떤 수를 □라 하면 □÷49=(몫)…11,
□=49×(몫)+11입니다.
어떤 수는 백의 자리의 숫자가 5인 세 자리 수이므로 몫은 9보다 큰 수입니다.
따라서 어떤 수는 49×10+11=501,
49×11+11=550, 49×12+11=599, …
이므로 두 번째로 큰 수는 550입니다.

12 세 자리 수 중 가장 큰 수는 999이므로
999÷28=35…19에서 나머지가 5인 수 중 가장 큰 세 자리 수는 28×35+5=980+5=985입니다.
또한 나머지가 5인 수 중 가장 작은 세 자리 수는 28×4+5=112+5=117입니다.
28×4+5=112+5=117 → 가장 작은 수
28×5+5=140+5=145
⋮
28×35+5=980+5=985 → 가장 큰 수
따라서 구하려고 하는 수의 개수는
35−4+1=32(개)입니다.

13 524÷23=22…18에서 □ 안에는 22보다 큰 수가 들어가야 하고 486÷16=30…6에서 □ 안에는 1부터 30까지의 수가 들어갈 수 있습니다.
따라서 □ 안에 공통으로 들어갈 수 있는 자연수는 23, 24, …, 30으로 모두 8개입니다.

14

일수	일자	읽은 장수
1일	7월 5일	25
2일	7월 6일	50
3일	7월 7일	75
4일	7월 8일	100
⋮	⋮	⋮
17일	7월 21일	425
18일	7월 22일	나머지 7장

따라서 유승이가 소설책을 모두 읽은 날은 7월 22일입니다.

15 34×16=544이고 34×17=578이므로 만든 세 자리 수는 544보다 크고 578보다 작은 수입니다.
따라서 만들 수 있는 세 자리 수는 모두 563, 567, 569, 573, 576으로 5개입니다.

16 • 한쪽 길에 심는 가로수의 간격 수:
(전체 거리)÷(가로수의 간격)=540÷20

                        =27(군데)
· 한쪽 길에 심는 가로수의 수: (간격 수)+1
                        =27+1=28(그루)
· 길 양쪽에 심는 가로수의 수: 28×2=56(그루)

단원평가

1 4개

2 (1) 18390 (2) 7350

3
$$\begin{array}{r} 22 \\ 21\overline{)465} \\ 42 \\ \overline{45} \\ 42 \\ \overline{3} \end{array}$$ /21×22=462, 462+3=465

4 (1) > (2) >

5
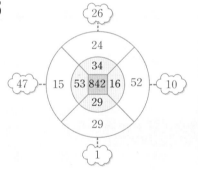

6 ㉣, ㉠, ㉢, ㉡   **7** 7명, 25개

8 35, 9940   **9** 30000 mL

10 17   **11** 26

12 24300   **10** 29750원

14 4250원

15 4, 1, 4, 1, 2, 4, 7, 2   **16** 123150원

17 27개

18 ⑩ 1시간은 60분이므로 285분은
285÷60=4…45에서 4시간 45분입니다.
따라서 오전 7시부터 285분 후는 7시부터 4시
간 45분 후인 오전 11시 45분입니다.

19 ⑩ 어떤 수를 □라고 하면 328÷□=23…6,
□×23+6=328, □×23=328-6=322,
□=322÷23=14입니다.
따라서 바르게 계산하면 328×14=4592입니
다.

20 ⑩ 53으로 나누었을 때 몫이 두 자리 수이려면 나
누어지는 수의 왼쪽 두 자리 수가 53보다 크거나
같은 53□, 58□, 8□□입니다. 532, 538, 582,
583, 823, 825, 832, 835, 852, 853 중 나머지
가 한 자리 수인 수는 532, 538, 852, 853으로
4개입니다.

1
600×50=30000
6×5=30

2 (1)
$$\begin{array}{r} 613 \\ \times30 \\ \hline 18390 \end{array}$$
(2)
$$\begin{array}{r} 294 \\ \times25 \\ \hline 1470 \\ 588 \\ \hline 7350 \end{array}$$

4 (1) · 30×800=24000
· 634×36=22824
(2) · 425×51=21675
· 715×29=20735

6 ㉠ 620÷14=44…4 ㉡ 372÷53=7…1
㉢ 486÷23=21…3 ㉣ 745÷41=18…7

7 375÷50=7…25이므로 7명에게 나누어 줄 수 있
고, 25개가 남습니다.

8 · 980÷28=35
· 35×284=9940

9 500×2×30=30000(mL)

10 몫이 가장 크려면 나누어지는 수는 크게, 나누는 수
는 작게 하여 계산해 봅니다.
⑩ 987÷56=17…35, 986÷57=17…17

11 나눗셈에서 나머지는 나누는 수보다 항상 작아야 합
니다. 따라서 27로 나눌 때 나누어떨어지지 않을 경
우 나올 수 있는 나머지는 1, 2, …, 26이고, 이 중에
서 가장 큰 수는 26입니다.

12 · (어떤 수)+45=585
· (어떤 수)=585-45=540
· (바르게 계산한 값)=540×45=24300

13 한 권에 9500-8650=850(원)을 할인합니다.
따라서 850×35=29750(원)을 싸게 살 수 있습니다.

14 · (복숭아의 값)=750×21=15750(원)
· (거스름돈)=20000-15750=4250(원)

3. 곱셈과 나눗셈 • 21

15 · ㉐㉑−68=4이므로 ㉐㉑=72
· ㉒=㉓이므로 ㉒=2
· ㉔7×2=3㉕이므로 ㉔=1, ㉕=4
· 17×㉠=68이므로 ㉠=4
· ㉢㉣−34=7이므로 ㉢㉣=41

$$\begin{array}{r} 2\,㉠ \\ ㉔7\,{\overline{\smash{\big)}\,㉢㉣㉒}} \\ 3\,㉕ \\ \hline ㉐㉑ \\ 6\;8 \\ \hline 4 \end{array}$$

16 · 유럽 돈: 1755×50=87750(원)
· 미국 돈: 1180×30=35400(원)
⇒ 87750+35400=123150(원)

17 436÷16=27…4이므로 남은 4 cm로는 리본 한 개를 만들 수 없으므로 리본은 최대 27개까지 만들 수 있습니다.

4. 평면도형의 이동

 **개념 확인하기** 88~89쪽

1 오른, 4

2 5, 4, 9

3 변하지 않습니다에 ○표

4 모양

5 바뀝니다에 ○표

6 (　)　(○)

7

8 예
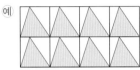

1 점을 ㉮로 이동하려면 오른쪽으로 4칸 이동해야 합니다.

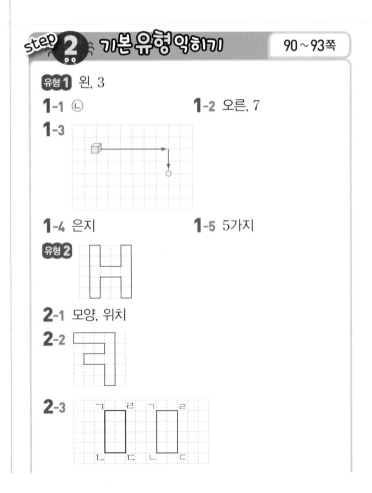

유형1 왼, 3

1-1 ㉡

1-2 오른, 7

1-3

1-4 은지

1-5 5가지

유형2

2-1 모양, 위치

2-2

2-3

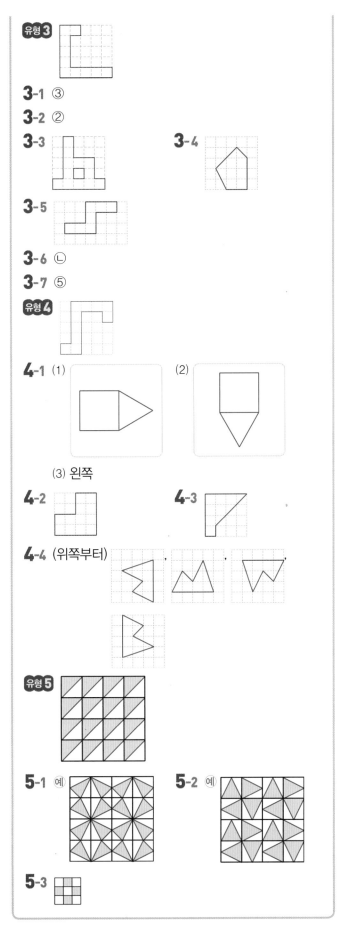

유형3

3-1 ③

3-2 ②

3-3

3-4

3-5

3-6 ㉡

3-7 ⑤

유형4

4-1 (1)

(2)

(3) 왼쪽

4-2

4-3

4-4 (위쪽부터)

유형5

5-1 예

5-2 예

5-3

1-1 바둑돌을 오른쪽으로 4칸 이동한 위치는 ㉢, 왼쪽
으로 4칸 이동한 위치는 ㉠, 아래쪽으로 4칸 이동

한 위치는 ㉡입니다.

1-4 ★을 ㉠으로 이동하려면 오른쪽으로 5칸 아래쪽으
로 3칸을 이동하든지, 아래쪽으로 3칸 오른쪽으로
5칸을 이동해야 합니다.

1-5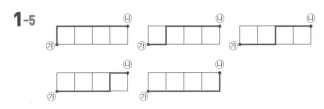

2-2 도형을 왼쪽으로 밀어도 도형의 모양은 변하지 않습
니다.

2-6 변 ㄱㄴ을 기준으로 오른쪽으로 5칸만큼 밀면 됩니다.

3-1 ① 위쪽 또는 아래쪽으로 뒤집은 모양입니다.

3-3 도형을 오른쪽으로 뒤집으면 도형의 오른쪽과 왼쪽
이 서로 바뀝니다.

3-7 ①, ②, ③, ④ :   ⑤ :

같은 방향으로 짝수 번 뒤집은 도형의 모양은 처음
도형과 모양이 같습니다.

4-3 도형을 ◐ 방향으로 돌리면 위쪽과 아래쪽, 왼쪽과
오른쪽의 모양이 서로 바뀝니다.

---

step 3 기본유형 다지기 94~99쪽

1 (1) ㈆ (2) ㉚ (3) ㉣ (4) ㈍

2 11 cm   **3** ㉣

4 ① 아래쪽, 3에 ○표 ② 오른쪽, 5에 ○표

5

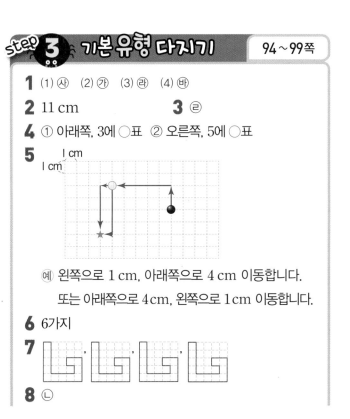

예 왼쪽으로 1 cm, 아래쪽으로 4 cm 이동합니다.
또는 아래쪽으로 4 cm, 왼쪽으로 1 cm 이동합니다.

6 6가지

7

8 ㉡

4. 평면도형의 이동 • **23**

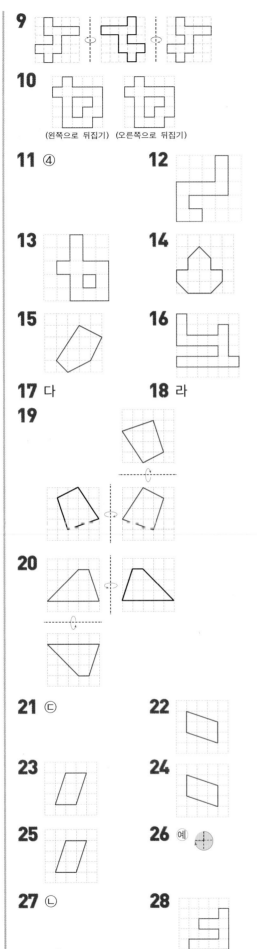

9

10
(왼쪽으로 뒤집기) (오른쪽으로 뒤집기)

11 ④

12

13

14

15

16

17 다

18 라

19

20

21 ㉢

22

23

24

25

26 예

27 ㉡

28

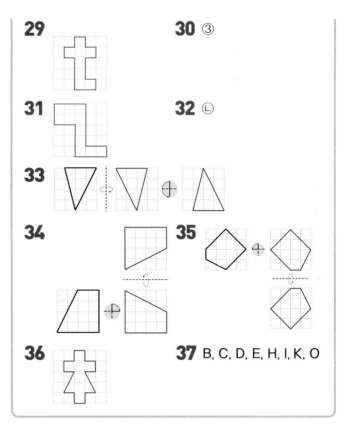

29

30 ③

31

32 ㉡

33

34

35

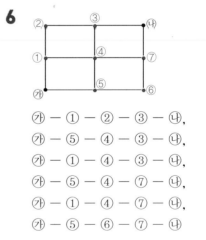

36

37 B, C, D, E, H, I, K, O

2 (이동한 거리)=3+8=11(cm)

3 별의 위치에서 오른쪽으로 4칸, 위쪽으로 2칸, 왼쪽
으로 3칸 이동한 위치는 ㉣입니다.

6

㉮ — ① — ② — ③ — ㉯,
㉮ — ⑤ — ④ — ③ — ㉯,
㉮ — ① — ④ — ③ — ㉯,
㉮ — ⑤ — ④ — ⑦ — ㉯,
㉮ — ① — ④ — ⑦ — ㉯,
㉮ — ⑤ — ⑥ — ⑦ — ㉯

7 도형을 어느 방향으로 밀어도 도형의 모양은 변하지
않습니다.

8 도형을 어느 방향으로 밀어도 도형의 모양은 변하지
않습니다.

9 주어진 도형에서 왼쪽과 오른쪽이 서로 바뀐 모양을
그립니다.

10 도형의 왼쪽과 오른쪽이 서로 바뀝니다.

11 ①, ③은 주어진 도형과 같게 그려집니다.

12 도형을 오른쪽으로 5번 뒤집은 도형은 오른쪽으로

1번 뒤집은 도형과 같습니다.

13 도형을 오른쪽으로 4번 뒤집은 도형은 처음 도형과 모양이 같습니다.

16 주어진 모양을 오른쪽으로 뒤집으면 처음 도형이 됩니다.

17 도형의 위쪽과 아래쪽이 서로 바뀐 도형을 찾아보면 도형 다입니다.

18 도형 가를 왼쪽으로 뒤집으면 어떤 도형이 됩니다.

26 시계 반대 방향으로 90°만큼 또는 시계 방향으로 270°만큼 돌린 것입니다.

27 도형을 같은 방향으로 짝수 번 뒤집은 모양은 처음 도형과 모양이 같습니다.

28 도형을 시계 반대 방향으로 90°만큼 2번 돌린 모양은 시계 반대 방향으로 180°만큼 1번 돌린 모양과 같습니다.

31 한 바퀴 돌린 셈이므로 처음 모양과 모양이 같습니다.

36 뒤집기를 짝수 번 하면 뒤집기 전의 모양과 같고, 180°만큼 2번 돌리면 360°만큼 돌린 것이므로 돌리기 전의 모양과 같습니다.

step 4 응용실력기르기 100~103쪽

1 7 cm **2** 15가지
3 ①, ④ **4** 663
5 ©
6
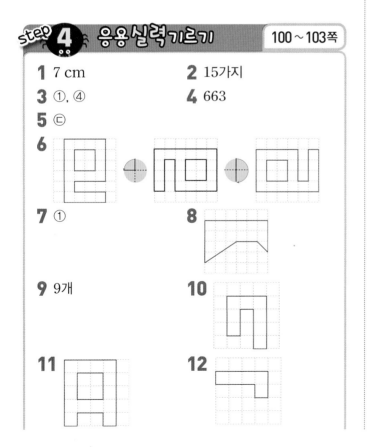
7 ① **8**
9 9개 **10**
11 **12**

---

13 327

14 예 왼쪽 도형을 아래쪽으로 뒤집은 후 시계 방향으로 90°만큼 돌리기 한 것입니다.

15 **방법 ①** 왼쪽 도형을 시계 방향으로 90°만큼 돌리기 하였습니다.

   방법 ② 왼쪽 도형을 시계 반대 방향으로 270°만큼 돌리기 하였습니다.

1
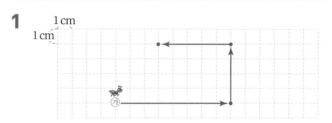

개미가 ㉮ 지점까지 가려면 왼쪽으로 3 cm, 아래쪽으로 4 cm를 가야 하므로 최소한 $3+4=7$ (cm)를 가야 합니다.

2

①번 길을 지나는 방법: 5가지
②번 길을 지나는 방법: 4가지
③번 길을 지나는 방법: 3가지
④번 길을 지나는 방법: 2가지
⑤번 길을 지나는 방법: 1가지
⇨ $5+4+3+2+1=15$(가지)

4 처음 수: [158] ⇨ 158

오른쪽으로 뒤집은 수: [821] ⇨ 821

따라서 두 수의 차는 $821-158=663$입니다.

5 시계 방향으로 270°만큼 돌린 모양은 시계 반대 방향으로 90°만큼 돌린 모양과 같으므로 시계 방향으로 270°만큼 2번 돌린 모양은 시계 반대 방향으로 90°만큼 2번 돌린 모양과 같습니다.

9 를 시계 방향으로 90°, 180°, 270°만큼 돌리기 한 모양은 각각 , , 입니다. 또, 시계 반대 방향으로 90°, 180°, 270°만큼 돌리기 한 모양은 각각 , , 입니다. 따라서 무늬에서 주어진 조각을 돌리기 하여 만든 모양은 모두 9개입니다.

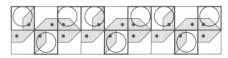

10 주어진 도형을 시계 반대 방향으로 270°만큼 돌리거나 시계 방향으로 90°만큼 더 돌리면 어떤 도형이 됩니다.

11

12

13 그림을 아래로 뒤집은 후 다시 오른쪽으로 뒤집으면 592가 됩니다.
따라서 두 수의 차는 592−265=327입니다.

step 5 응용실력 높이기 104~107쪽

1 80가지

2 10가지

3 (예) 방법·1 두형을 위쪽으로 뒤집은 후, 시계 반대
방향으로 90°만큼 돌렸습니다.
방법·2 도형을 시계 방향으로 90°만큼 돌린 후,
아래쪽으로 뒤집었습니다.
이 외에도 여러 가지 방법이 있습니다.

4

5

6 학 ᄒ **7** 324

8

9 283분 **10**

11 32개 **12**

---

13 (예)
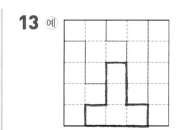

1 점 ㉮에서 점 ㉯까지 가는 방법은 20가지이고 점 ㉯에서 점 ㉰까지 가는 방법은 4가지입니다.
따라서 점 ㉮에서 점 ㉯를 지나 점 ㉰에 도착하는 방법은 20×4=80(가지)입니다.

2
```
       1m
   ┌─┬─┬─┬─┐
1m │②│③│④│⑤│
 ┌─┼─┼─┼─┼─┤
 │①│⑥│⑦│⑧│⑨│
㉮└─┴─┴─┴─┴─┘㉯
   ⑩ ⑪ ⑫ ⑬
```

①－②－③－④－⑤－⑨
⑩－⑥－③－④－⑤－⑨
⑩－⑪－⑦－④－⑤－⑨
①－②－③－④－⑧－⑬
⑩－⑥－③－④－⑧－⑬
⑩－⑪－⑦－④－⑧－⑬
①－②－③－⑦－⑫－⑬
⑩－⑥－③－⑦－⑫－⑬
⑩－⑪－⑫－⑧－⑤－⑨
①－②－⑥－⑪－⑫－⑬
⇨ 4+3+2+1=10(가지)

5 시계 방향으로 180°만큼 돌린 뒤 위쪽으로 1번 뒤집었을 때의 모양과 같습니다.

6 방 ⇨ 방 ⇨ 유
⇨ 주어진 글자를 오른쪽(왼쪽)으로 뒤집기 한 후 180°만큼 돌리기 한 규칙입니다.

7 숫자 카드를 한 번씩 사용하여 만들 수 있는 가장 작은 세 자리 수는 258입니다.
258을 시계 방향으로 180°만큼 돌리면 852이고 258을 위로 뒤집은 수는 528입니다.
따라서 852−528=324입니다.

8 보기 는 도형을 아래쪽(위쪽)으로 뒤집은 후 시계 반대 방향으로 90°만큼 돌리기 한 것입니다.
또는 오른쪽(왼쪽)으로 뒤집은 후 시계 방향으로 90°만큼 돌리기 한 것입니다.

9 오른쪽에서 거울에 비춰 본 모양은 오른쪽으로 뒤집기 한 모양과 같으므로 왼쪽으로 뒤집기 하면 원래 시각을 알 수 있습니다.

16시	58분
− 12시	15분
4시간	43분

한솔이가 외출을 나가기 전에 본 시계는 `21:51`이므로 왼쪽으로 뒤집으면 실제 시각은 `12:15`이고 집에 돌아와서 본 시계는 `82:31`이므로 실제 시각은 `16:58`입니다.

따라서 한솔이의 외출한 시간은 다음과 같습니다.

4시간 43분=240분+43분=283분

10 오른쪽 도형을 왼쪽으로 뒤집은 후 시계 반대 방향으로 270°만큼 돌리면 처음 도형이 됩니다.

11  의 순서로 시계 방향으로 90°만큼 돌리기 하여 규칙적으로 움직이고 있습니다.

4개씩 반복되므로 130째 번까지 움직였을 때 셋째 모양은 모두 130÷4=32…2에서 32개 나오게 됩니다.

12 위쪽으로 뒤집은 후 시계 반대 방향으로 90°만큼 2번 돌리면 처음 도형과 같은 모양이 됩니다.

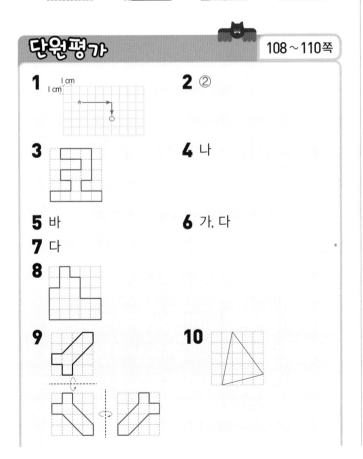

단원평가

108~110쪽

1

2 ②

3

4 나

5 바

6 가, 다

7 다

8

9

10

11

12

13

14

15

16

17

18

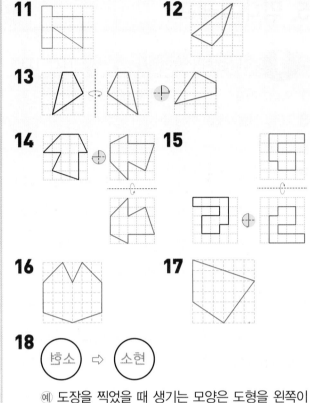

㉎ 도장을 찍었을 때 생기는 모양은 도형을 왼쪽이나 오른쪽으로 뒤집기 한 모양과 같습니다. 따라서 왼쪽(또는 오른쪽)으로 뒤집었을 때 생기는 모양을 그리면 됩니다.

19 N Z N Z N

㉎ 시계 방향으로 90°만큼 계속 돌리기 한 규칙입니다. (이외에도 여러 가지 규칙이 있습니다.)

20 ㉎ 오른쪽으로 뒤집은 후 시계 반대 방향으로 90°만큼 돌려서 만들었습니다.

7 도형 마를 오른쪽으로 한 번 뒤집은 모양은 가이고, 도형 가를 시계 방향으로 270°만큼 돌렸을 때 생기는 모양은 다입니다.

14 시계 방향으로 270°만큼 돌린 모양은 시계 반대 방향으로 90°만큼 돌린 모양과 같습니다.

16

17

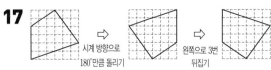

5. 막대그래프

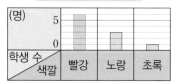

1 막대그래프   **2** 막대그래프

3 가로: 선물, 세로: 학생 수

4 게임기   **5** 3명

6 (1) 3종류   (2) 빨강, 6명   (3) 6칸

(4)

좋아하는 색깔별 학생 수

(명)			
5			
0			
학생 수 / 색깔	빨강	노랑	초록

7 예 좋아하는 색깔별 학생 수의 많고 적음을 한눈에 알아보기 쉽습니다.

5 휴대전화: 8명, 책: 5명
⇨ 8−5=3(명)

6 (3) 빨강을 좋아하는 학생 수가 6명으로 가장 많으므로 적어도 6명까지 나타낼 수 있어야 합니다.

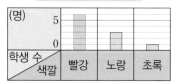

유형**1** (1) 학생 수   (2) 1명

1-1 (1) 21명   (2) 7명

1-2 (1) 아파트   (2) 학생 수   (3) 막대그래프
(4) 아파트별 학생 수를 나타내었습니다.

1-3 (1) 표   (2) 막대그래프

유형**2** 기린

2-1 (1) 가로: 학생 수, 세로: 위인   (2) 안중근
(3) 세종대왕   (4) 안중근, 광개토대왕

2-2 (1) 1반, 4반, 3반, 2반   (2) 12명   (3) 44자루
(4) 예 알 수 없습니다.
우유를 먹지 않는 학생 수를 알 수 없기 때문에 전체 학생 수를 알 수 없습니다.

2-3 (1) 기르고 싶어 하는 동물별 학생 수   (2) 금붕어

2-4 수학, 16명

2-5 (1) 가로: 생산량, 세로: 농장
(2) 평화, 소망, 사랑, 믿음

2-6 (1) 가: 34명, 나: 42명, 다: 28명, 라: 34명
(2) 138명

유형**3**

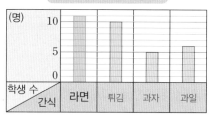

3-1 (1) 태어난 계절별 학생 수   (2) 10명
(3)

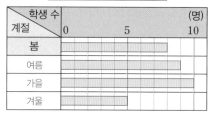

3-2 (1) 420분
(2)

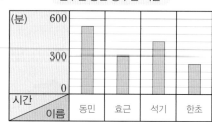

3-3

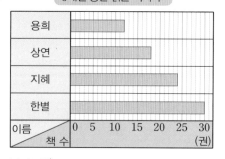

3-4 (1) 25명
(2)

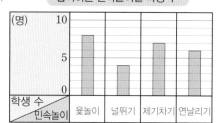

(3) 2배   (4) 윷놀이, 널뛰기

3-5 (1)

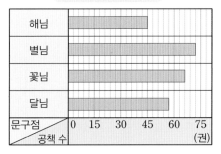

문구점별 팔린 공책 수

문구점						
해님						
별님						
꽃님						
달님						

공책 수 0 15 30 45 60 75 (권)

(2) 해님　(3) 별님, 꽃님, 달님, 해님　(4) 27권

3-6 (1) 5, 2, 6, 3

(2)

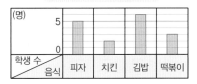

좋아하는 음식별 학생 수

(명)

학생 수 / 음식: 피자, 치킨, 김밥, 떡볶이

(3) 김밥　(4) 김밥, 피자, 떡볶이, 치킨

유형4

4-1 (1) 부산, 서울

(2) 예 남부지방으로 갈수록 강수량이 많습니다.
강수량이 가장 많은 지역은 부산으로 80 mm입니다.

유형2 막대의 길이가 가장 긴 것을 찾아보면 기린입니다.

2-1 (4) 이순신을 나타내는 막대의 길이보다 긴 것을 모두 찾아보면 안중근과 광개토대왕입니다.

2-2 (1) 막대의 길이가 가장 긴 것부터 차례로 알아보면 1반, 4반, 3반, 2반입니다.

(2) • 가장 많은 학생이 우유를 먹는 반: 1반, 24명
• 가장 적은 학생이 우유를 먹는 반: 2반, 12명
⇨ 차: $24-12=12$(명)

(3) 4반에서 우유를 먹는 학생 수: 22명
필요한 연필은 $22 \times 2=44$(자루)입니다.

2-3 (1) 기르고 싶어 하는 동물별 학생 수를 나타냅니다.

(2) 막대의 길이가 가장 긴 것을 찾습니다.

2-4 막대의 길이가 가장 긴 과목을 알아봅니다.
세로 눈금 한 칸은 2명을 나타냅니다.
⇨ 가장 많은 학생이 좋아하는 과목은 수학으로 16명입니다.

2-5 (2) 막대의 길이를 비교하면 쉽게 알 수 있습니다.

2-6 (1) 가로 눈금 한 칸은 2명을 나타냅니다.

(2) $34+42+28+34=138$(명)

3-2 (1) $1500-(540+300+240)=420$(분)

(2) 세로 눈금 한 칸은 60분을 나타냅니다.

3-3 지혜가 6개월 동안 읽은 책의 수는
$84-(12+18+30)=24$(권)입니다.

3-4 (1) $8+4+7+6=25$(명)

(3) 윷놀이: 8명, 널뛰기: 4명
$8 \div 4=2$(배)

(4) 막대의 길이를 비교하여 알아봅니다. 막대의 길이가 가장 긴 것은 윷놀이고 막대의 길이가 가장 짧은 것은 널뛰기입니다.

3-5 (1) 가로 눈금 5칸이 15권을 나타내므로 가로 눈금 한 칸은 $15 \div 5=3$(권)을 나타냅니다.

(2) 막대의 길이가 가장 짧은 것을 찾습니다.

(3) 막대의 길이가 긴 것부터 차례로 써 봅니다.

(4) $72-45=27$(권)

3-6 (1) 자료를 빠뜨리고 세거나 중복해서 세는 일이 없도록 주의합니다.

(2) 세로 눈금 한 칸은 1명을 나타냅니다.

(3) 치킨을 좋아하는 학생 수는 2명이므로 학생 수가 $2 \times 3=6$(명)인 음식을 찾으면 김밥입니다.

(4) 막대의 길이가 길수록 많은 학생이 좋아하는 음식입니다.

step **3** 기본유형 다지기 120~125쪽

1 가로: 장래 희망, 세로: 학생 수

2 6명　　　　**3** 연예인

4 24명　　　　**5** 4종류

6 2마리　　　　**7** 14마리

8 소, 돼지, 닭, 오리　　**9** 가 마을

10 240 kg　　　**11** 260 kg

12 1360 kg　　　**13** 20명

14

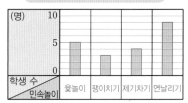

좋아하는 민속놀이별 학생 수

(명) 10 / 5 / 0

학생 수 / 민속놀이: 윷놀이, 팽이치기, 제기차기, 연날리기

15 2배

16 연날리기, 팽이치기

17

마을별 승용차 수

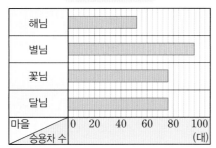

18 별님

19 꽃님과 달님

20 44대

21 7 kg

22

모둠별 폐품 수집량

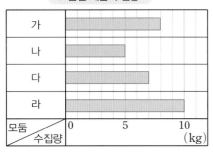

23 나 모둠, 5 kg **24** 라 모둠

25 5학년 **26** 36명

27 5학년 **28** 6학년

29 29명 **30** 11명

31 예 막대그래프에서 막대가 가장 긴 것이 **다** 수영장이므로 가장 많은 학생이 가고 싶어 하는 수영장은 **다** 수영장입니다.
따라서 **다** 수영장을 가는 것이 좋을 것 같습니다.

32 3, 6, 4, 1, 2, 16

33

좋아하는 운동별 학생 수

34 16명

35 야구, 농구, 축구, 수영, 배구

36 예 세로 눈금 5칸이 50명을 나타내므로 세로 눈금 한 칸은 50÷5=10(명)을 나타냅니다.

37 가장 많은 학년: 5학년, 가장 적은 학년: 1학년

38 3학년, 4학년

39 590명

40 16권

41

종류별 책의 수

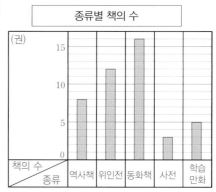

42

종류별 책의 수

43 동화책, 위인전, 역사책, 학습 만화, 사전

44 12, 10

45

종류별 자동차의 수

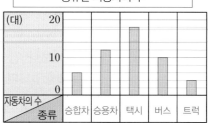

46 예 가장 많이 지나간 자동차는 택시로 18대이고, 가장 적게 지나간 자동차는 트럭으로 4대입니다.
따라서 가장 많이 지나간 자동차는 가장 적게 지나간 자동차보다 18-4=14(대) 더 많습니다.

47 승용차, 택시

2 세로 눈금 한 칸은 1명을 나타냅니다. 막대가 6칸을 나타내므로 6명입니다.

3 장래 희망이 선생님인 학생 수는 3명이므로 학생 수가 3×2=6(명)인 장래 희망을 찾으면 연예인입니다.

4 3+6+8+7=24(명)

5 농장에는 닭, 돼지, 오리, 소 모두 4종류의 동물이 있습니다.

6 세로 눈금 5칸이 10마리를 나타내므로
세로 눈금 한 칸은 $10 \div 5 = 2$(마리)를 나타냅니다.

7 ・가장 많은 동물: 소, 28마리
・가장 적은 동물: 오리, 14마리
따라서 소는 오리보다 $28 - 14 = 14$(마리) 더 많습니다.

8 막대의 길이가 가장 긴 것부터 차례로 써 봅니다.

9 막대의 길이가 가장 긴 것을 찾습니다.

10 라 마을: 420 kg, 다 마을: 180 kg
따라서 라 마을은 다 마을보다 콩을
$420 - 180 = 240$(kg) 더 많이 수확하였습니다.

11 ・콩 수확량이 가장 많은 마을: 가 마을, 440 kg
・콩 수확량이 가장 적은 마을: 다 마을, 180 kg
따라서 두 마을의 콩 수확량의 차는
$440 - 180 = 260$(kg)입니다.

12 $440 + 320 + 180 + 420 = 1360$(kg)

13 $5 + 3 + 4 + 8 = 20$(명)

15 $8 \div 4 = 2$(배)

16 막대의 길이를 비교하여 알아봅니다. 막대의 길이가
가장 긴 것은 연날리기이고, 막대의 길이가 가장 짧은 것은 팽이치기입니다.

17 가로 눈금 5칸이 20대를 나타내므로 가로 눈금 한
칸은 $20 \div 5 = 4$(대)를 나타냅니다.

18 막대의 길이가 가장 긴 것을 찾습니다.

20 $96 - 52 = 44$(대)

21 폐품 수집량의 합계가 30 kg이므로
다 모둠의 수집량: $30 - (8 + 5 + 10) = 30 - 23$
$= 7$(kg)

23 막대의 길이가 가장 짧은 모둠을 찾아봅니다.

24 폐품을 가장 많이 모은 모둠은 막대가 가장 긴 라 모
둠이므로 도서상품권을 받게 될 모둠은 라 모둠입니다.

25 남학생 수를 나타내는 막대의 길이가 여학생 수를 나
타내는 막대의 길이보다 더 긴 학년을 찾습니다.

26 4학년 남학생 수: 18명, 4학년 여학생 수: 18명
⇨ $18 + 18 = 36$(명)

27 남녀 학생 수를 나타내는 막대의 길이의 차를 학년별
로 알아봅니다.
3학년: 9칸, 4학년: 0칸, 5학년: 11칸, 6학년: 7칸
남녀 학생 수를 각각 나타내는 두 막대의 길이의 차
가 가장 큰 학년을 찾으면 5학년입니다.

28 3학년: $13 + 22 = 35$(명), 4학년: $18 + 18 = 36$(명),
5학년: $28 + 17 = 45$(명), 6학년: $20 + 27 = 47$(명)

29 가: 2명, 나: 5명, 다: 13명, 라: 9명
⇨ $2 + 5 + 13 + 9 = 29$(명)

30 ・가장 많은 학생들이 가고 싶어 하는 수영장:
다 수영장, 13명
・가장 적은 학생들이 가고 싶어 하는 수영장:
가 수영장, 2명
⇨ 학생 수의 차: $13 - 2 = 11$(명)

32 빠뜨리거나 두 번 세지 않도록 / 또는 ∨ 표시를 하면
서 세어 봅니다.

34 표에서 합계가 조사한 전체 학생 수입니다.

35 그래프에서 막대의 길이가 긴 운동부터 차례로 씁니다.

38 막대의 길이가 같은 학년은 3학년과 4학년입니다.

39 학년별 참가하는 학생 수를 알아보면 다음과 같습니다.
1학년: 30명, 2학년: 80명, 3학년: 110명,
4학년: 110명, 5학년: 140명, 6학년: 120명
⇨ $30 + 80 + 110 + 110 + 140 + 120 = 590$(명)

40 $44 - 8 - 12 - 3 - 5 = 16$(권)

43 막대의 길이가 가장 긴 것부터 차례로 쓰면 동화책,
위인전, 역사책, 학습 만화, 사전입니다.

44 (승용차 수)$= 4 \times 3 = 12$(대)
(버스 수)$= 50 - 6 - 12 - 18 - 4 = 10$(대)

45 세로 눈금 5칸이 10대를 나타내므로 세로 눈금 한
칸은 $10 \div 5 = 2$(대)를 나타냅니다.

step 4 응용실력기르기 126~129쪽

1 5, 13

2

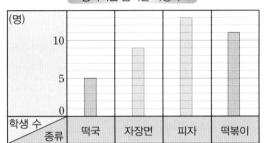
좋아하는 음식별 학생 수

3 8명 **4** 2반

5 16, 24

6

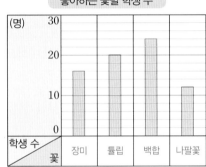
좋아하는 꽃별 학생 수

7 지혜, 10점

8 10명

9

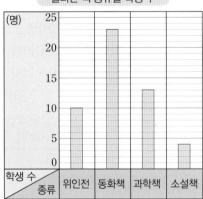
빌려간 책 종류별 학생 수

10 26 mm

11 동화책

12

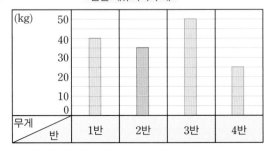
반별 폐휴지의 무게

---

13 25 kg

14

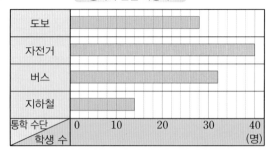
통학 수단별 학생 수

15 자전거, 지하철

1 막대그래프를 보면 피자는 13칸을 나타내므로 피자를 좋아하는 학생은 13명입니다.
또, 전체 학생이 38명이므로 떡국을 좋아하는 학생 수는 38−(9+13+11)=5(명)입니다.

3 (3반 남학생 수)=65−(14+8+12+12+11)
=65−57=8(명)

4 (1반)=14+8=22(명), (2반)=12+12=24(명),
(3반)=11+8=19(명)

5 장미를 좋아하는 학생을 □명이라고 하면 백합을 좋아하는 학생은 (□+8)명입니다.
□+20+□+8+12=72, □+□=32, □=16
따라서 장미를 좋아하는 학생은 16명이고, 백합을 좋아하는 학생은 16+8=24(명)입니다.

6 세로 눈금 한 칸의 크기는 10÷5=2(명)입니다.

7 막대그래프에서 가로 눈금 1칸은 10점을 나타냅니다. 막대그래프를 보고 표로 나타내면 다음과 같습니다.

과목	국어	영어	수학	합계
승은 (점)	70	80	60	210
지혜 (점)	50	90	80	220

승은이의 총점은 210점이고, 지혜의 총점은 220점입니다. 210<220이므로 지혜가 승은이보다 10점 더 높습니다.

8 (과학책을 빌려간 학생 수)
=50−10−23−4=13(명)
⇨ 23−13=10(명)

10 10명에 해당하는 막대의 길이가 20 mm이므로 1명에 해당하는 막대의 길이는 2 mm입니다.
따라서 과학책에 해당하는 막대의 길이는
2×13=26(mm)입니다.

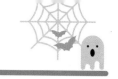

11 전체 학생 수가 50명이므로 50÷2=25(명)에 가장 가까운 수의 학생들이 빌려간 책의 종류를 찾으면 동화책입니다.

12 세로 눈금 한 칸이 5 kg을 나타내므로 2반은 3반보다 3칸 짧게 그립니다.

13 가장 많이 모은 반: 3반, 50 kg,
가장 적게 모은 반: 4반, 25 kg
⇨ 무게의 차: 50−25=25(kg)

14 통학 수단이 도보인 학생이 28명이고, 지하철인 학생이 14명이므로
(통학 수단이 자전거인 학생 수)=28+12=40(명),
(통학 수단이 버스인 학생 수)=14+18=32(명)

step 5 응용실력 높이기 130~133쪽

1

가고 싶은 장소별 학생 수

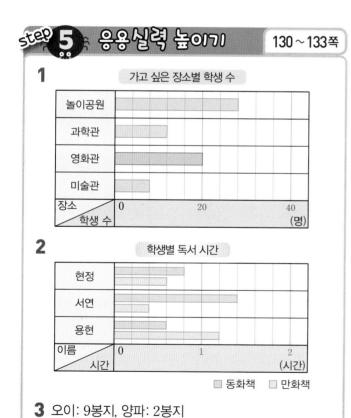

2

학생별 독서 시간

■ 동화책 □ 만화책

3 오이: 9봉지, 양파: 2봉지

4 55명

5 7명

6 35명

7 8200원

8

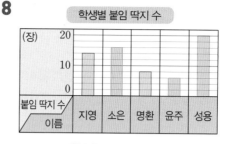

학생별 붙임 딱지 수

이름	붙임 딱지 수
지영	⬡⬡⬡⬡⬡⬡
소은	⬡⬡⬡⬡
명환	⬡⬡⬡⬡
윤주	⬡⬡
성용	⬡⬡⬡⬡⬡

9 64(장)

10 14명

11 3칸

12 1200 m

1 막대그래프에서 과학관에 가고 싶은 학생 12명이 가로 눈금 3칸을 차지하므로 가로 눈금 한 칸은 12÷3=4(명)을 나타냅니다. 막대그래프에서 놀이공원에 가고 싶은 학생은 4×7=28(명)이고, 미술관에 가고 싶은 학생은 4×2=8(명)입니다. 영화관에 가고 싶은 학생은 68−28−12−8=20(명)이므로 막대그래프에는 20÷4=5(칸)으로 나타냅니다.

2 서연이가 동화책과 만화책을 읽은 시간의 차는 1시간=60분이고 가로 눈금 5칸이므로 막대그래프의 가로 눈금 한 칸은 60÷5=12(분)입니다. 3명이 독서를 한 시간의 합은 5시간=300분이고, 300분은 가로 눈금 300÷12=25(칸)으로 나타낼 수 있습니다. 따라서 용현이가 동화책을 읽은 시간은 25−4−3−7−2−6=3(칸)으로 나타내야 합니다.

3 막대그래프에서 세로 눈금 한 칸은 1개를 나타내므로 오이는 한 봉지에 3개씩 들어 있고, 양파는 한 봉지에 9개씩 들어 있습니다. 25÷3=8…1에서 오이를 8봉지 사면 1개가 모자라므로 오이는 9봉지를 사야 합니다.
14÷9=1…5에서 양파를 1봉지 사면 5개가 모자라므로 양파는 2봉지를 사야 합니다.

4 막대의 길이는 피구: 11칸, 야구: 7칸,
줄넘기: 5칸, 발야구: 8칸, 축구: 10칸으로
막대 칸 수의 합은 11+7+5+8+10=41(칸)입니다.

41칸이 205명을 나타내고 $41 \times 5 = 205$이므로 가로 눈금 한 칸은 5명을 나타냅니다.

⇨ (피구를 좋아하는 학생 수)$= 11 \times 5 = 55$(명)

5 수족관에 가고 싶은 학생은 6명이므로 놀이공원과 미술관에 가고 싶은 학생 수는 $27 - 6 = 21$(명)입니다.
놀이공원에 가고 싶은 학생 수가 미술관에 가고 싶은 학생 수의 2배이므로 놀이공원에 가고 싶은 학생 수는 14명, 미술관에 가고 싶은 학생 수는 7명입니다.

6 동화책, 문화상품권, 학용품의 세로 눈금 칸 수의 합은 $8 + 9 + 4 = 21$(칸)이고 전체 세로 눈금 칸 수의 합은 28칸이므로 장난감의 세로 눈금 칸 수는 $28 - 21 = 7$(칸)입니다.
문화상품권과 학용품의 세로 눈금 칸 수의 합은 $9 + 4 = 13$(칸)이고 학생 수는 65명이므로 세로 눈금 한 칸이 나타내는 학생 수는 $65 \div 13 = 5$(명)입니다.
따라서 장난감의 세로 눈금은 7칸이므로 장난감을 받고 싶은 학생 수는 $7 \times 5 = 35$(명)입니다.

7 가장 많은 돈을 쓴 것과 가장 적은 돈을 쓴 것의 금액의 차가 2200원이므로 크레파스를 사는 데 쓴 돈이 가장 많고, 지우개를 사는 데 쓴 돈이 가장 적습니다.
⇨ (지우개를 사는 데 쓴 돈)
$= 2500 - 2200 = 300$(원)
따라서 학용품을 사는 데 쓴 돈은 모두
$300 + 1800 + 2400 + 2500 + 1200 = 8200$(원)입니다.

8 윤주는 6장을 가지고 있는데 그림그래프에서 큰 그림 1개, 작은 그림 1개로 나타내었으므로 큰 그림 1개는 5장, 작은 그림 1개는 1장을 나타냅니다.
막대그래프와 그림그래프에서 학생들이 가지고 있는 붙임 딱지 수를 알아보면
지영: 14장, 소은: 16장, 명환: 8장, 윤주: 6장, 성용: 20장입니다.

9 $14 + 16 + 8 + 6 + 20 = 64$(장)

10 수영 학원을 다니는 학생은 6명이고 기타는 4명입니다.
⇨ (피아노 학원을 다니는 학생 수)
$= (6 \times 2) - 4 = 8$(명)
따라서 태권도 학원을 다니는 학생은
$32 - 6 - 8 - 4 = 14$(명)입니다.

11 세로 눈금 10칸이 50분을 나타내므로 세로 눈금 한 칸은 5분을 나타냅니다.
일요일에 운동을 한 시간은 40분이므로 수요일에 운

동을 한 시간은 $40 \div 2 = 20$(분)입니다.
⇨ 일주일 동안 용희가 운동을 한 시간은 3시간 10분, 즉 190분이고 일요일은 40분, 월요일은 50분, 화요일은 30분, 수요일은 20분, 목요일은 10분, 토요일은 25분이므로 금요일에 운동을 한 시간은
$190 - 40 - 50 - 30 - 20 - 10 - 25 = 15$(분)입니다.
따라서 막대그래프에 $15 \div 5 = 3$(칸)으로 나타내어야 합니다.

12 가로 눈금 한 칸은 $800 \div 4 = 200$(m)입니다.
병원까지의 거리는 가로 눈금 7칸이므로
$200 \times 7 = 1400$(m), 우체국까지의 거리는 가로 눈금 8칸이므로 $200 \times 8 = 1600$(m)입니다. 네 장소까지의 거리의 합은 $5\,km = 5000\,m$이므로 집에서 은행까지의 거리는
$5000 - 800 - 1400 - 1600 = 1200$(m)입니다.

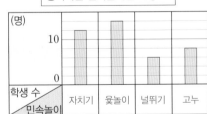

단원평가

134~136쪽

1 1명　　　　　　　　　**2** 수학

3 영어, 수학　　　　　　**4** 15명

5

좋아하는 계절별 학생 수

학생 수\계절	0	5	10 (명)
봄			
여름			
가을			
겨울			

6 봄, 가을, 여름, 겨울　　**7** 2배

8 14명

9

좋아하는 민속놀이별 학생 수

(명)				
10				
0				
학생 수\민속놀이	자치기	윷놀이	널뛰기	고누

10 8명　　　　　　　　　**11** 8일, 70분

12 8일　　　　　　　　　**13** 6일

14 윤주, 20분　　　　　　**15** 9, 24

16

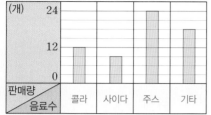

음료수별 판매량

(개)

| | 콜라 | 사이다 | 주스 | 기타 |

판매량／음료수

17 22800원

18 예 독서가 취미인 학생은 $40-6-12-8=14$(명)입니다.

막대그래프의 세로 눈금은 조사한 수 중에서 가장 큰 수까지 나타낼 수 있어야 하므로 적어도 14명까지 나타낼 수 있어야 합니다.

19 예 막대의 길이가 가장 짧은 것을 찾아야 합니다. 따라서 배를 가장 적게 생산한 과수원은 달콤 과수원입니다.

20 예 각 과수원에서 생산한 배는 싱싱 과수원이 70상자, 달콤 과수원이 30상자, 새콤 과수원이 60상자, 풍년 과수원이 40상자입니다. 따라서 생산한 배는 모두 $70+30+60+40=200$(상자)입니다.

1 세로 눈금 5칸이 5명을 나타내므로 세로 눈금 한 칸은 $5÷5=1$(명)을 나타냅니다.

2 가장 많은 학생들이 좋아하는 과목은 막대의 길이가 가장 긴 수학입니다.

3 막대의 길이가 국어보다 더 긴 것은 영어와 수학입니다.

4 조사한 학생은 국어를 좋아하는 학생이 3명, 영어를 좋아하는 학생이 4명, 미술을 좋아하는 학생이 2명, 수학을 좋아하는 학생이 6명이므로 모두 $3+4+2+6=15$(명)입니다.

6 막대의 길이가 가장 긴 것부터 차례로 쓰면 봄, 가을, 여름, 겨울입니다.

7 가을: 8명, 겨울: 4명
⇨ $8÷4=2$(배)

8 $40-12-6-8=14$(명)

10 ・가장 많은 학생이 좋아하는 민속놀이: 윷놀이(14명)
・가장 적은 학생이 좋아하는 민속놀이: 널뛰기(6명)
⇨ $14-6=8$(명)

11 세로 눈금 6칸이 60분을 나타내므로 세로 눈금 한 칸이 나타내는 시간은 $60÷6=10$(분)입니다.
동욱이의 막대가 가장 긴 날은 8일이고, 이때 공부한 시간은 70분입니다.

12 두 막대의 길이가 같은 날은 8일입니다.

13 두 막대의 길이의 차가 가장 큰 날은 6일입니다.

14 ・윤주: $40+60+40+70=210$(분)
・동욱: $30+40+50+70=190$(분)
따라서 윤주가 $210-190=20$(분) 더 많이 공부했습니다.

15 ・(주스의 수)$=12×2=24$(개)
・(사이다의 수)$=63-12-24-18=9$(개)

16 세로 눈금 4칸이 12개를 나타내므로 세로 눈금 한 칸은 $12÷4=3$(개)를 나타냅니다.

17 (하루 동안 팔린 주스의 값)$=950×24=22800$(원)

6. 규칙 찾기

1 (1) 225, 415, 505, 535, 625, 635

    (2) 10, 100

    (3) 예 305에서 시작하여 110씩 커지는 규칙이 있습니다.

2 (1) 7   (2) 13   (3) 7   (4) 6

3 (1) 2   (2) 4   (3) 4   (4) 12

4 (1)

    (2) 예 정사각형의 개수가 1개에서 시작하여 2개, 3개, 4개, ...씩 늘어나는 규칙입니다.

5 (1) 521＋352＝873   (2) 7×10005＝70035

6 104

유형**1** 3408, 4308, 5208, 5408, 5508, 6308

1-1 (1) 611, 521, 721, 431, 631, 541, 741

     (2) 100, 100, 10, 10

     (3) 예 301에서 시작하여 110씩 커지는 규칙이 있습니다.

1-2 가: 2207, 나: 2807

1-3 (1)

24531	24532	24533	24534
34531	34532	34533	34534
44531	44532	44533	44534
54531	54532	54533	54534

     (2) 1, 10000, 10001

1-4 5776, 6076, 6376

유형**2** 3

2-1 (1) 6   (2) 2

2-2 (1) 20, 10, 30   (2) 30, 3, 90   (3) 23   (4) 3

2-3 6, 3

2-4 ㉠, ㉣

2-5 ㉡

유형**3** 9개

3-1 (1) 16개   (2) 11개

     (3) 초록색 모양 규칙 : 예 오른쪽과 위쪽으로 각각 1개씩 늘어나는 규칙입니다.

     분홍색 모양 규칙 : 예 → 방향과 ↓ 방향으로 각각 0개, 1개, 2개, 3개. ...인 정사각형 모양이 되는 규칙입니다.

3-2 (1) 11개   (2)

     (3) 예 ★이 표시된 사각형을 중심으로 사각형의 수가 1개부터 시작하여 시계 방향 또는 시계 반대 방향으로 2개씩 늘어나는 규칙입니다.

3-3 16개

유형**4** 1, 6/2, 5/3, 4

4-1 9, 1, 10, 2/11, 3, 12, 4

4-2 (1) 3, 3/4, 4/5, 5

     (2) 1＋2＋3＋4＋5＋6＋5＋4＋3＋2＋1＝36

     (3) 49

4-3 (1) 가   (2) 라   (3) 613＋284＝897

     (4) 287＋182＝469

유형**5** 30, 300

5-1 300, 100

5-2 (1) 11111×11111＝123454321

     (2) 111111×111111＝12345654321

5-3 (1) 2000÷10＝200

     (2) 예 나누어지는 수가 2배, 3배, 4배씩 커지고 나누는 수가 2배, 3배, 4배씩 각각 서로 같은 배수만큼씩 커지면 그 몫은 모두 똑같습니다.

5-4 3×1007＝3021, 3×10000007＝30000021

유형**6** 16＋19＝17＋18

6-1 규칙적인 계산식 1 : 예 140＋250＝150＋240

                     150＋260＝160＋250

     규칙적인 계산식 2 :

     예 140＋250＋360＝160＋250＋340

규칙적인 계산식 3:

예) $150+250+350=250×3$

$160+260+360=260×3$

6-2 $64÷4÷4÷4=1/256÷4÷4÷4÷4=1$

6-3 8

1-2 200씩 커지는 규칙입니다.

1-4 300씩 커지는 규칙이므로 구하는 수는 5776, 6076, 6376입니다.

2-3 $9+6=15$, $5×3=15$이므로
$9+6=5×3$입니다.

2-4 ㉠ $37+43=80$, $35+45=80(○)$
㉡ $42-12=30$, $25+15=40(×)$
㉢ $18×8=144$, $36×2=72(×)$
㉣ $48÷6=8$, $24÷3=8(○)$

2-5 ㉠ $38+24=62$, $□=62-47=15$
㉡ $27×6=162$, $□=162÷3=54$
㉢ $59-34=25$, $□=50÷25=2$
따라서 □ 안의 알맞은 수가 가장 큰 것은 ㉡입니다.

유형3 $1+2+2+2+2=9$(개)

3-1 (1) 첫째: 0, 둘째: $1×1=1$, 셋째: $2×2=4$,
넷째: $3×3=9$, 다섯째: $4×4=16$
(2) 1, 3, 5, 7, 9, 11, ...에서 11개입니다.

3-2 (1) 정사각형이 2개씩 늘어납니다.

3-3 $1+3+5+7=16$(개)

4-2 (3) $7×7=49$

4-3 (4) 더해지는 수와 더하는 수는 10씩 커지고 합은 20씩 커지는 규칙이므로 $287+182=469$입니다.

6-3 가운데 수 8을 중심으로 $3+13=16=8+8$,
$7+9=16=8+8$, $11+5=16=8+8$,
$12+4=16=8+8$로 생각할 수 있으므로 9개의 수 모두 8인 셈이 되어 총합은 $8×9=72$입니다.
따라서 $72÷9=8$이므로 구하려고 하는 수는 8입니다.

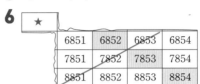 **step3 기본유형 다지기** 146~151쪽

1 201 **2** 1000

3 가: 5202, 나: 7604, 다: 4805

4 예) 3001에서 시작하여 1201씩 커지는 규칙이 있습니다.

5 가: 5208, 나: 5410

6

★			
6851	6852	6853	6854
7851	7852	7853	7854
8851	8852	8853	8854

7 예) 6853에서 시작하여 999씩 커지는 규칙입니다.

8 5850

9 가: 621, 나: 330

10 예) 24에서 시작하여 100, 200, 300, 400씩 커지는 규칙입니다.

11 예) 18에서 시작하여 103, 203, 303, 403씩 커지는 규칙입니다.

12 4517 **13** 64

14 4, 3, 10 **15** (1) 4 (2) 20

16 12개 **17** 13개

18 17개

19 $1+4+4+4=1+4×3=13$/
$1+4+4+4+4=1+4×4=17$

20 $1+4×8=33$ **21** 28개

22 $4×7=28$/$4×9=36$

23 $4×11=44$ **24** 일곱째

25 $2+4+6+8+10+8+6+4+2=50$

26 3, 8, 4 **27** 72

28 98

29 $5000+34000=39000$

30 $500+1000-700=800$

31 100, 100, 100, 100

32 $700+1200-900=1000$

33 $1100÷50=22$

34 예) 나누어지는 수와 나누는 수가 각각 2배, 3배, 4배로 같은 배수만큼씩 커지면 몫은 모두 같습니다.

35 $55×50=2750$

36 4, 9

37 (1) $9×10003=90027$ (2) $50035÷5=10007$

38 $98765×9-5=888880$

39 $9876543 \times 9 - 7 = 88888880$

40 $207 + 210 = 208 + 209$

41 3, 3, 207

42 $625 \div 5 \div 5 \div 5 \div 5 = 1 /$
$3125 \div 5 \div 5 \div 5 \div 5 \div 5 = 1$

43 12   **44** 4, 8, 9, 10, 14

45 예 $13 + 8 + 3 = 1 + 8 + 15$
$14 + 9 + 4 = 2 + 9 + 16$
$15 + 10 + 5 = 3 + 10 + 17$
$16 + 11 + 6 = 4 + 11 + 18$

5 101씩 커지는 규칙입니다.

8 $7852 - 6851 = 1001$이므로
6851보다 1001이 작은 수는
$6851 - 1001 = 5850$입니다.

9 가$=321 + 300 = 621$ 또는 가$=618 + 3 = 621$
나$=130 + 200 = 330$ 또는 나$=327 + 3 = 330$

12 100, 200, 300, 400, 500씩 커지는 규칙이므로
$4017 + 500 = 4517$입니다.

13 2에서 시작하여 ← 방향으로 2씩 곱한 수를 적는 규칙입니다.

14 • $28 = 7 \times \boxed{4}$입니다.
• $28 = \square + \square + 15$에서 $\square + \square = 28 - 15 = 13$이므로 $\square$ 안에 알맞은 두 수는 3, 10입니다.

16 빨간 구슬의 개수를 $\square$라 하면
$\square + \square = 4 \times 6 = 24$
$\square = 24 \div 2$, $\square = 12$(개)

17 정사각형이 4개씩 늘어나므로 $1 + 4 + 4 + 4 = 13$(개)입니다.

18 $1 + 4 + 4 + 4 + 4 = 17$(개)

21 가장 작은 삼각형 4개가 들어 있는 사각형이 1, 3, 5, …로 늘어나므로 넷째에 올 도형에는 작은 삼각형이 $4 \times 7 = 28$(개)가 있습니다.

24 $4 \times \square = 52$에서 $\square = 13$이고 1, 3, 5, 7, 9, 11, 13 …에서 13은 일곱째이므로 일곱째에 올 도형입니다.

27 다섯째 덧셈식의 가운데 수는 12이므로
$12 \times (12 \div 2) = 72$입니다.

28 여섯째 덧셈식의 가운데 수는 14이므로
$14 \times (14 \div 2) = 98$입니다.

33 나누어지는 수는 $220 \times 5 = 1100$이고, 나누는 수는 $10 \times 5 = 50$입니다.

43 색칠된 부분의 수의 합은 60이므로 $60 \div 5 = 12$입니다.

44 $45 \div 5 = 9$이므로 9를 중심으로 위, 아래, 왼쪽, 오른쪽의 수에 색칠한 것이므로 4, 8, 9, 10, 14입니다.

step 4 응용실력기르기   152~155쪽

1 가: 15890, 나: 18090, 다: 17490

2 예 18890에서 시작하여 ↗ 방향으로 800씩 작아지는 규칙입니다.

3 18090, 17290, 1000, 1000, 800, 800, 800

4 예 133에서 시작하여 100, 200, 300, 400, 500씩 커지는 규칙입니다.

5 예 93에서 시작하여 120, 220, 320, 420씩 커지는 규칙입니다.

6 20, 413 / 200, 413 / 20, 253 / 100, 253 / 20, 1673 / 500, 1673

7 415   **8** 13개

9 예 ★이 표시된 정사각형을 중심으로 1개부터 시작하여 시계 방향으로 정사각형의 개수가 3개씩 늘어납니다.

10 $25 \times 30 \div 15 = 50$ **11** $50 \times 30 \div 30 = 50$

12 3, 5, 7

13 예 같은 간격으로 커지는 수를 홀수 개 더했을 때 그 합은 가운데의 수에 더한 수의 개수를 곱한 결과와 같습니다.

14 20, 11   **15** 30, 21

6 → 방향으로는 20씩 커지는 규칙을 이용합니다.
↓ 방향으로는 100, 200, 300, 400, 500씩 커지는 규칙입니다.

7 12부터 시작하여 13, 26, 52, 104만큼 커졌으므로 앞에서 커진 만큼의 2배씩 커지는 규칙입니다.
따라서 $207 + 104 \times 2 = 415$입니다.

또는 $12 \times 2 + 1 = 25$, $25 \times 2 + 1 = 51$,

$51 \times 2 + 1 = 103$, $103 \times 2 + 1 = 207$이므로 구하는

수는 $207 \times 2 + 1 = 415$입니다.

8 정사각형이 3개씩 늘어나므로 $1 + 3 \times 4 = 13$(개)입니다.

14 왼쪽의 □ 안에 알맞은 수는 10과 30의 가운데 수인 20이고 12×3, 14×5, 16×7, 18×9, 20×11이므로 오른쪽 □ 안에 알맞은 수는 11입니다.

15 왼쪽의 □: $(10 + 50) \div 2 = 30$

오른쪽의 □: $(50 - 10) \div 2 + 1 = 21$

---

step 5 응용실력 높이기 156~159쪽

1 ⑩ 2072에서 시작하여 1100, 2200, 3300씩 커지는 규칙입니다.

2 3172, 5672, 8372   **3** 21

4 86   **5** 47

6 728   **7** 299

8 999945   **9** 31개

10 55개   **11** 99째

12 64개   **13** 아홉째

14 ⑩ 2에서 시작하여 짝수를 연속하여 더할 때 그 결과는 더한 짝수의 개수와 그 개수보다 1만큼 더 큰 수를 곱한 것과 같습니다.

15 24, 13   **16** 9개

17 2208

---

3 짝수째 번에 오는 수는 3, 6, 9, 12, ...로 3의 1배, 3의 2배, 3의 3배, 3의 4배, ...입니다.

따라서 14째 수는 짝수째 번에서 일곱째 수이므로 3의 7배인 $3 \times 7 = 21$입니다.

4 홀수째 번에 오는 수는 100, 98, 96, 94, ...로 100부터 2씩 작아지는 수입니다.

따라서 15째 수는 홀수째 번 수 중 여덟째 수이므로 $100 - (8 - 1) \times 2 = 86$입니다.

5 21째 수는 홀수째 번 수 중 11째 수이므로 $100 - (11 - 1) \times 2 = 80$입니다.

22째 수는 짝수째 번 수 중 11째 수이므로 $3 \times 11 = 33$입니다.

따라서 두 수의 차는 $80 - 33 = 47$입니다.

[다른 풀이]

두 수씩 묶어 차를 구하면 97, 92, 87, 82, ...에서 두 수씩 묶었을 때 11째의 묶음이므로 두 수의 차는 $97 - (11 - 1) \times 5 = 47$입니다.

6

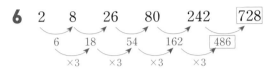

또는 (앞의 수)$\times 3 + 2$의 규칙을 이용하면 $242 \times 3 + 2 = 728$입니다.

7 첫째 수는 $3 \times 1 - 1 = 2$, 둘째 수는 $3 \times 2 - 1 = 5$, 셋째 수는 $3 \times 3 - 1 = 8$, ...로 생각할 수 있으므로 100째 수는 $3 \times 100 - 1 = 299$입니다.

[다른 풀이]

3씩 규칙적으로 커지므로 100째에 올 수는 $2 + 3 \times 99 = 299$입니다.

8 $12345 \times 9 = 111105$이므로
$12345 \times 81 = 12345 \times 9 \times 9$
$= 111105 \times 9 = 999945$입니다.

9 흰 바둑돌과 검은 바둑돌의 개수의 차는 차례로 2개, 3개, 4개, ...입니다.

따라서 30째에 놓이는 곳의 흰 바둑돌과 검은 바둑돌의 개수의 차는 $30 + 1 = 31$(개)입니다.

10 $1 + 2 + 3 + 4 + \cdots + 9 + 10 = 55$(개)

11 첫째: 2개 차이, 둘째: 3개 차이, 셋째: 4개 차이

따라서 100개 차이인 것은 99째 도형입니다.

12 첫째: $1 + 3 = 4$, 둘째: $1 + 3 + 5 = 9$,
셋째: $1 + 3 + 5 + 7 = 16$, ...,
일곱째: $1 + 3 + 5 + 7 + 9 + 11 + 13 + 15 = 64$

[다른 풀이]

첫째: $2 \times 2 = 4$(개), 둘째: $3 \times 3 = 9$(개),
셋째: $4 \times 4 = 16$(개)

따라서 일곱째는 $8 \times 8 = 64$(개)입니다.

13 정사각형의 수는 4, 9, 16, 25, 36, ...이고 이것은 2×2, 3×3, 4×4, 5×5, 6×6, ...으로 생각할 수 있으므로 $100 = 10 \times 10$에서 아홉째 도형입니다.

15 짝수를 연속하여 12개 더한 것이므로 더한 짝수 중 마지막 짝수는 24이고, $12 \times \square$에서

□$= 12 + 1 = 13$입니다.

16 $90 = 9 \times 10$이므로 더한 짝수의 개수는 9개입니다.

17 $(2+4+6+\cdots+98+100)$
$-(2+4+6+\cdots+34+36)$
$=(50\times51)-(18\times19)=2550-342$
$=2208$

단원평가

160~162쪽

1 예 9015에서 시작하여 1700씩 작아지는 규칙이 있습니다.

2 3615, 5315, 7015, 9315, 9915

3 가: 3903, 나: 3303 **4** 45

5 3, 큰, 45 **6** ㉡, ㉢

7 2, 272 **8**

9 25개

10 $600-400+300=500$

11 $400-200+100=300$

12 예 나누어지는 수는 그대로이고 나누는 수가 2배,
3배, 4배, 5배로 커지면 몫은 처음 몫의 $\frac{1}{2}$, $\frac{1}{3}$,
$\frac{1}{4}$, $\frac{1}{5}$로 작아집니다.

13 $1080\div18=60$

14 $8\times10007=80056$

15 $908+911=909+910$

16 3, 3, 908

17 $81\div3\div3\div3\div3=1/243\div3\div3\div3\div3\div3=1$

18 예 다섯째에 올 계산식은
$1+3+5+7+9+11=6\times6$입니다. 1부터 연속
된 홀수를 더하는 규칙이므로 다섯째는 1부터 11
까지의 홀수 6개를 더한 것이고 그 결과는 더한 홀
수의 개수를 두 번 곱한 것과 같기 때문입니다.

19 예 $1\times2=2$, $2\times3=6$, $6\times4=24$, $24\times5=120$,
$120\times6=720$이므로 2, 3, 4, 5, 6을 차례로 곱하
는 규칙입니다.

20 예 가는 3입니다. $1+4+7=4+4+4$,
$1+5+9=5+5+5$, $1+6+11=6+6+6$으로
4를 3번 더하거나, 5를 3번 더하거나, 6을 3번 더
한 것과 같으므로 가는 3입니다.

3 200씩 작아지는 규칙입니다.

4 2로 나누어 다음 수를 구합니다.

5 차가 같으려면 빼는 수가 3만큼 커졌으므로 빼지는
수도 3만큼 커져야 합니다.

$$42-17=\boxed{45}-20$$

6 ㉠ $36+47=83$, $38+49=87(\times)$
㉡ $52-26=26$, $48-22=26(\bigcirc)$
㉢ $17\times12=34\times6(\bigcirc)$
㉣ $40\div5=8$, $20\div10=2(\times)$

7 예 앞의 수에 2를 곱하여 다음 수를 쓰는 규칙입니다.

9 • 첫째: 1개
• 둘째: $1+3+1=5$(개)
• 셋째: $1+3+5+3+1=13$(개)
• 넷째: $1+3+5+7+5+3+1=25$(개)